精彩 Mind+掌控板创意编程

李 伟 编著

机械工业出版社

CHINA MACHINE PRESS

本书是《趣味学编程：特级教师带你零基础玩转 Mind+》的进阶版，使用编程软件 Mind+ 展开学习。Mind+ 是一款基于 Scratch 3.0 开发的国产编程软件，拥有自主知识产权，有着亲和的界面和丰富的扩展功能，同时支持图形化编程语言与 Python 语言、C 语言等多种代码编译环境，为不同层次的学习者提供学习支持，还集成了各种主流主控板及上百种开源硬件，支持人工智能（AI）与物联网（IoT）功能。本书在上一本书的基础上，带领青少年继续深入探索算法、人工智能（AI）以及物联网（IoT）的精彩世界，全程配以深入浅出的微课讲解，使读者能在生动有趣、充满挑战的学习中收获成功的喜悦。

图书在版编目（CIP）数据

精彩Mind+掌控板创意编程 / 李伟编著.—北京：机械工业
出版社，2024.2
ISBN 978-7-111-74487-0

Ⅰ.①精⋯ Ⅱ.①李⋯ Ⅲ.①单片微型计算机－程序
设计 Ⅳ.①TP368.1

中国国家版本馆CIP数据核字（2023）第244293号

机械工业出版社（北京市百万庄大街22号 邮政编码100037）
策划编辑：黄丽梅　　　　　责任编辑：黄丽梅
责任校对：张婉茹 梁 静　　责任印制：常天培
北京宝隆世纪印刷有限公司印刷
2024年4月第1版第1次印刷
169mm×239mm · 12.5印张 · 99千字
标准书号：ISBN 978-7-111-74487-0
定价：59.00元

电话服务　　　　　　　　　网络服务
客服电话：010-88361066　　机　工　官　网：www.cmpbook.com
　　　　　010-88379833　　机　工　官　博：weibo.com/cmp1952
　　　　　010-68326294　　金　书　网：www.golden-book.com
封底无防伪标均为盗版　　机工教育服务网：www.cmpedu.com

序 一

　　青少年朋友们，浩如烟海的大数据、精妙绝伦的云计算、万物互联的物联网、智慧的人工智能……一系列新科技势不可挡地扑面而来，我们正徜徉在新兴信息科技的世界中。新技术深刻改变着人们的生产、生活、学习方式，把握全球信息科技发展态势，掌握富有创新能力的信息科技，是新时代建设者不可或缺的能力。

　　立足信息科技时代，培养青少年适应信息化社会的知识、技能、意识和能力，是作者编写这本书的初衷。

　　信息科技是现代科学技术领域的重要部分，主要研究以数字形式表达的信息及其应用中的科学原理、思维方法、处理过程和工程实现。义务教育信息科技课程具有基础性、实践性和综合性，旨在培养科学精神和科技伦理，提升自主可控意识，培养社会主义核心价值观，树立总体国家安全观，提升数字素养与技能。

　　根据新课标，信息科技将围绕数据、算法、网络、信息处理、信息安全、人工智能六条逻辑主线，设计义务教育全学段内容模块与跨学科主题，培养学生信息意识、计算思维、数字化学习与创新、信息社会责任四个方面的核心素养。

　　作者从信息科技实践应用出发，帮助青少年理解基本概念和基本原理，认识信息科技对人类社会的贡献与挑战，提升知识迁移能力和学科思维水平，实现"科"与"技"并重。

　　在学习内容的设计上，作者充分关注信息科技的应用场景和实践体验机会；

在内容的呈现上，适应青少年认知特点和兴趣特征，提供多样化学习机会，体现科学性、时代性和实践性；在资源类型上，提供文本、数据、图片、音频、视频（动画）等多种媒体类型数字资源，以真实问题或项目驱动，引导青少年经历原理运用过程、计算思维过程和数字化工具应用过程，建构知识，提升解决问题的能力。

让我们一起在"做中学""用中学""创中学"，成长为具备信息科技能力、适应未来社会发展的新时代建设者！

王先佳

中国陶行知研究会实践教育分会常务副理事长

序 二

　　Mind，中文即"心灵"，是人们探索未来和探究科学的宝贵资源。本书旨在通过李伟老师——一位长期从事中小学科技创新教育的一线优秀教师的丰富教学经历，在常用基础算法、人工智能和物联网等方面的精彩讲解，帮助中小学生打造一颗聪明、敏锐和有创造力的 Mind。

　　现代化的信息技术与快速变化的社会环境让我们处在一个充满机遇与挑战的时代。而如何把握时代的机会，成为这个时代的弄潮儿，需要我们不断地学习、创新和实践。作为未来的精英和领军人才，我们需要具备哪些关键的技能和思维方法呢？又怎么获得这些技能和方法呢？本书会给你一个良好的启示。

　　本书首先从登陆火星的算法开始，带着我们学习了常见的查找算法，用通俗的语言和恰当的比喻介绍了几种常用的排序算法和递归算法，还介绍了栈和数列的基础知识，这些算法可以帮助我们更好地解决问题和实现目标。算法是计算机科学的基础，也是现代社会中许多行业和领域所必需的核心内容。这些基础的算法可以锻炼我们的逻辑思考能力和解决问题的能力，让我们更加敏锐地抓住问题的本质和解决难题。

　　接下来，本书介绍了人工智能的内容，包括机器学习及基本原理、KNN 算法、语音识别和人脸识别等。人工智能是当前技术发展的热点和趋势之一，将对未来社会的发展产生深远的影响。了解人工智能的基本原理和应用场景，可以帮助我们更好地把握未来社会的机遇和挑战。

最后，本书还介绍了物联网的内容，包括无线广播、蓝牙连接、Wi-Fi 通信等。物联网是近年来兴起的一种新型互联网，它可以将各种设备和传感器连接起来，实现智能化的数据传输和分析。掌握物联网的相关知识，可以帮助我们更好地理解未来社会的发展趋势和智能化的生活方式。

本书具有如下特点：一是内容通俗易懂，基本涵盖了当前中小学开展人工智能等科技创新活动的基本内容；二是实践性强，强调通过活动提升学生的动手能力；三是趣味性强，通过多种学生喜闻乐见的活动，激发学生学习的积极性；四是贴近日常生活实际，让学生把学习到的算法知识运用到实际生活中，指导并改变生活。

本书的对象主要是中小学生，可以作为中小学开展科技创新活动的校本读物，也可以作为从事中小学科技创新活动的信息科技教师的参考书籍。

通过对本书的学习和阅读，我们可以感受到李伟老师迫切地想帮助中小学生营造一种积极向上、热爱科学、体验创新的强烈愿望。希望本书能够成为中小学生学习探索科学知识、积极开展创新实践的良师益友，为他们的未来之路加油助力。

郭　斌

国家教材委教材专家

四川省教育科学研究院科学教育研究所所长

四川省名师工作室领衔人

四川省教育学会科技创新教育专委会理事长

四川省义务教育信息技术教材主编

前　言

中国学生发展核心素养提出，让学生在学习、理解、运用科学知识和技能等方面形成正确的思维方式，教育部发布的《义务教育信息科技课程标准（2022年版）》中，将"计算思维"作为学生的核心素养。培养学生信息素养，特别是"计算思维"，成为学校教育和家庭教育中的重要环节。实践证明，信息素养的培养和计算思维的养成，其有效途径是以程序思维为核心的相关教学和游戏。

本书是《趣味学编程：特级教师带你零基础玩转 Mind+》的进阶版，受四川省教育厅人文社会科学重点研究基地统筹城乡教育发展研究中心课题支持（TCCXJY—2024—C54）。本书采用项目化、游戏化的形式，带领青少年继续深入探索算法、人工智能（AI）以及物联网（IoT）的精彩世界，全程配以深入浅出的微课讲解，使读者在生动有趣、充满挑战的学习中收获成功的喜悦。

本书具有如下特点：

- 轻松学习。结合青少年的身心发展特点，采用游戏化的形式编写，帮助青少年构建基本的数据模型，养成计算思维。
- 充满童趣。本书以火星着陆、抽奖游戏等，结合人工智能硬件的使用，引导读者将学习到的算法知识运用到实际生活中，指导并改变生活。
- 讲解细致。本书尽可能细致地对编程原理与步骤进行讲解，即使是完全没有基础的读者，也能够通过本书轻松学会编程。

● 适用性强。本书的知识覆盖青少年图形化编程考试的知识点，既可以作为学校开展社团教学与延时托管的读本，也可以作为培训机构编程考级的参考书。

书中配套的视频、课件、源文件等，可以通过百度网盘进行下载，网址是：https://pan.baidu.com/s/1_r8o3eATTImxNNhsdX0g_w，提取码：li08。为了方便读者学习，也可以加入读者 qq 群：297587114，和小伙伴们一同学习与交流，共同提高。如果发现错误与不妥之处，欢迎与我交流，以期再版时修正。

李 伟

目 录

人工智能篇

物联网篇

计算思维篇

精彩Mind+掌控板创意编程

第1章 登陆火星的算法

知识点

1. 线性查找法
2. 二分查找法
3. 算法不同的差异

火星，太阳系（图 1-1）八大行星之一，是太阳系由内向外数的第四颗行星，属于类地行星，直径约为地球的 53%，质量约为地球的 11%。自转轴倾角、自转周期均与地球十分相近，公转周期约为地球公转周期的 2 倍，我国古书上将火星称为荧惑星。

配套微课

图 1-1 太阳系

火星和地球有诸多相似之处，同样是岩质行星，同样有高山、峡谷，同样拥有两极，甚至连一天的时间都几乎相同。有的科学家将地球和火星称为太阳系中的"孪生兄弟"。

经过科学考察，火星上的确存在着水。水是生命的源泉，那么火星上是否存在生命呢？有的科学家推测，火星或许就是地球的"前生"或者"来世"。揭开火星的神秘面纱，探索火星的秘密（图1-2），已成为人类的共同追求。

图1-2 探索火星的秘密

2020年，我国长征五号运载火箭带着天问一号火星探测器在文昌航天发射场点火起飞，迈出了我国行星探索的伟大一步。历经7个月的飞行，天问一号到达火星引力范围之内，被火星引力捕获。接下来，按照"绕、落、巡"三步规划，探测器首先环绕火星飞行（图1-3）2~3个月时间，用于近距离地观察和收集火星数据，为后续登陆火星做好准备。

图 1-3　环绕火星飞行

在绕行阶段，天问一号还给我们带来了火星的近景照，让我们可以一睹火星的容貌（图 1-4 和图 1-5）。

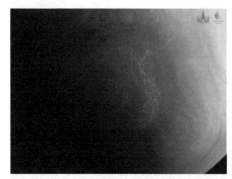

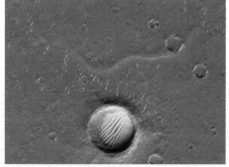

图 1-4　火星北极极冠（图片来源于国家航天局）　图 1-5　火星上的环形坑（图片来源于国家航天局）

探测器完成环绕任务后，需要寻找一个最佳时间点完成着陆。研究发现，火星是有大气的，其大气密度是地球大气密度的 1% 左右。探测器会经过大气减速（气动减速、降落伞减速）、反推发动机减速等减速过程，最后着陆在火星表面。这个过程非常难，整个着陆的时间一共只有 7 分钟左右，而在这几分钟内，探测器与地球的通信是完全中断的。此外，由于火星和地球的距离相当远，受信号的时延等因素制约，整个过程只能依靠探测器根据算法自主完成，而不是靠地面控制。

配套微课

线性查找法

我们打算为火星着陆编写一个查找登陆地点的算法，帮助飞船在登陆火星时查找着陆点。假设在着陆过程中，飞船需要查找 10 个着陆点。用下面的程序模拟建立了拥有 10 个着陆点数据的列表，用于模拟运算，如图 1-6 所示。

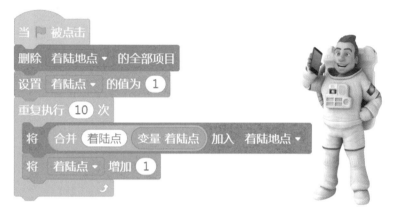

图 1-6　模拟建立着陆点数据

点击运行后，添加模拟着陆数据到【着陆地点】列表，如图 1-7 所示。

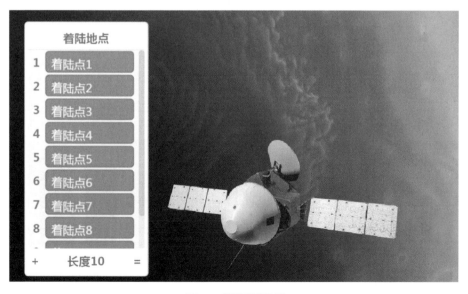

图 1-7　模拟着陆数据

005

在天问一号探测器着陆的过程中，会对着陆点的数值进行查找，假设本次需要查询的数值是 7，Mind+ 中的小精灵小曼在头脑中展开如下构想。

01 将数值从左到右依次排列，如图 1-8 所示。

图 1-8　从左到右排列数值

02 检查列表中最左边的数值 1，将其与需要查找的数值 7 进行比较，如图 1-9 所示。如果符合要求，查找结束，如果不一致，那么继续查找比较右边的下一个数值。

图 1-9　比较数值 1 和 7

03 检查列表中的第 2 项，如图 1-10 所示，不符合要求，所以继续向右查找下一个数值。

图 1-10　比较列表第 2 项

04 重复上面的操作直到找到数值 7 为止，如图 1-11 所示。

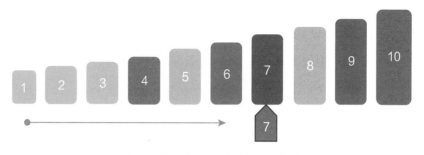

图 1-11　重复上面的操作直到找到数值 7

理解了上面的算法逻辑，就可以进入 Mind+，将算法转化为程序语言。为了方便测试，假设着陆的过程中，同样需要查找的数据为【着陆点 7】，线性查找法如图 1-12 所示。

图 1-12　线性查找法

线性查找法也称为顺序查找法，它会从头到尾、逐一对列表项的所有数据进行检查。因为有 10 个数据，所以从列表的第 1 项开始逐项检查，到第 10 项检查完毕，一共需要查找 10 次。假设计算机检查 1 个数据（列表项）需要 1 毫秒，那么检查 10 个数据也只需要 10 毫秒，对于着陆需要的 7 分钟时间而言，这个时间看起来也非常短，完全符合需求。

但问题是，假设本次着陆需要检查的数据有 1000000000（10 亿）个，如图 1-13 所示，那么用这种算法来查询需要多少时间呢？如果数据靠前还好，假如数据恰好在最后一位，那么就需要 10 亿毫秒。10 亿毫秒究竟是多久呢？让我们来计算一下。

图 1-13　逐项检查 10 亿个数据

温馨提示

1 秒 =1000 毫秒

1 分钟 =60 秒

1 小时 =60 分钟

1 天 =24 小时

1000000000 毫秒 =（ 1000000000÷1000÷60÷60÷24 ）天 ≈11.6 天

着陆火星的时间不能超过 7 分钟，但如果采用线性查找法，最坏的情况下，总共需要 11.6 天才能完成火星着陆数据的查找运算，这简直太糟糕了！看来线性查找法不能满足我们本次的要求。

请对方心里默想一个 1~100 的任意数字，
你最少几次可以猜到对方的数字呢？

_____

_____

_____

二分查找法

　　为了缩短时间，现在小曼打算采用新的查找方式，直接从中间数开始查找。如果要查找的数据比中间数大，那么我们就可以将比中间数小的一半数据全部舍去。反之，如果要查找的数据比中间数小，那么我们就可以将比中间数大的一半数据全部舍去。反复采用这个方法进行筛选，直到剩余最后一个数。这样的查找方法就是二分查找法，如图 1-14 所示。

图 1-14　二分查找法

　　上面我们说过：假设计算机检查 1 个数据需要 1 毫秒，用线性查找法，查找 10 亿个数据，最糟糕的情况需要 11.6 天的时间，那么如果采用二分查找法最多又需要多少时间呢？

　　完成同样的任务，使用线性查找法需要 11.6 天才能完成的事情，用二分查找法竟然 30 毫秒就完成了，看来采用不同的算法差距可真大呀！可以说算法就是人们解决问题的方法。

因为每次二分查找法都能排除一半的数据，所以即使是最坏的情况，一共也只需要 30 次就能完成在 10 亿个数据中查找的任务，最多只需要 30 毫秒。

第 1 次：1000000000÷2=500000000

第 2 次：500000000÷2=250000000

第 3 次：250000000÷2=125000000

第 4 次：125000000÷2=62500000

第 5 次：62500000÷2=31250000

第 6 次：31250000÷2=15625000

第 7 次：15625000÷2=7812500

第 8 次：7812500÷2=3906250

第 9 次：3906250÷2=1953125

第 10 次：1953125÷2=976563

第 11 次：976563÷2=488282

第 12 次：488282÷2=244141

第 13 次：244141÷2=122071

第 14 次：122071÷2=61036

第 15 次：61036÷2=30518

第 16 次：30518÷2=15259

第 17 次：15259÷2=7630

第 18 次：7630÷2=3815

第 19 次：3815÷2=1908

第 20 次：1908÷2=954

第 21 次：954÷2=477

第 22 次：744÷2=239

第 23 次：239÷2=120

第 24 次：120÷2=60

第 25 次：60÷2=30

第 26 次　30÷2=15

第 27 次：15÷2=8

第 28 次：8÷2=4

第 29 次：4÷2=2

第 30 次：2÷2=1

二分查找法的算法逻辑

通过寻找列表中的中间数，然后与目标数进行比较，可以得知目标数据在列表中的左边还是右边。每查找一次，就能把查找范围缩小一半，重复执行以上操作，就能快速得到是否存在目标数据的结论。

01 假设需要在图 1-15 所示列表中查询数值 7。

图 1-15　在此列表中查询数值 7

02 如果列表是奇数项，那么刚好可以找到中间数，但是如果列表是偶数项，那么中间数是小数。此列表是偶数项，我们可以通过四舍五入的方式来找中间数，如图 1-16 所示中间数为 5.5，四舍五入后中间数是 6。将 6 和 7 进行比较。

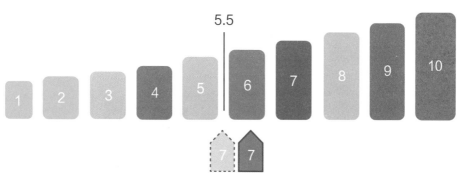

图 1-16　找中间数

03 将不需要的数值 1~6 全部移出查找范围，用灰色表示，如图 1-17 所示。

图 1-17　移出不需要的数值

04 在剩余的列表值中找中间数，此处为 9，如图 1-18 所示。比较 9 和 7，可以得知 7 在 9 的左侧。

图 1-18　在剩余的列表值中找中间数

05 将不需要的数值移出查找范围，如图 1-19 所示。

图 1-19　将不需要的数值移出查找范围

06 终于找到 7=7，如图 1-20 所示，查找结束。

图 1-20　找到 7=7

我们可以通过互动游戏卡来更好地理解二分查找法的算法逻辑。接下来，让我们进入 Mind+，用程序来实现二分查找。新建一个自定义模块，取名为二分查找。建立两个变量【开始项】、【结束项】，【开始项】的初始值设为列表第一项，【结束项】的初始值设为列表的项目数，如图 1-21 所示。为了方便测试，增加询问积木，并将回答设为【需要查找的值】。

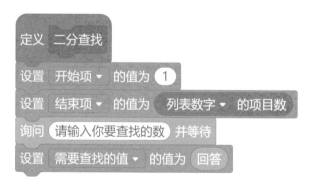

图 1-21　建立两个变量并设初始值

在每次查找中间数的过程中，首先需要找到【开始项】和【结束项】，将其相加除以 2 后，进行四舍五入得到中间项。有了中间项以后，通过比较就能得出查询结果。如果中间项和需要查找的值一致，那么完成查找。如果【中间项】比查找的数小，那么调整【开始项】为【中间项】右侧的列表项；如果【中间项】

比查找的数大，那么设置【结束项】为【中间项】左侧的列表项，【开始项】保持不变。二分查找法的程序如图 1-22 所示。

图 1-22　二分查找法的程序

整个过程需要重复多少次呢？因为数列不同，所以重复的次数也不同。那么怎样判断是否完成查找了呢？程序中，我们分别设置了两个标志物：开始项和结束项，它们位于数列的两端，如图 1-23 所示。随着查找的进行，当两个标志物重合（图 1-24），也就意味着查找结束。

图 1-23　两个标志物

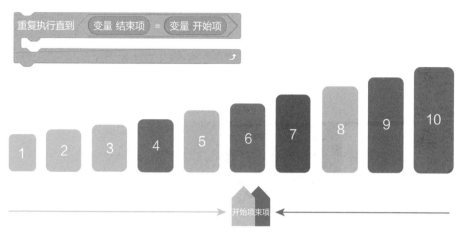

图 1-24　标志物重合

二分查找法的完整程序如图 1-25 所示。

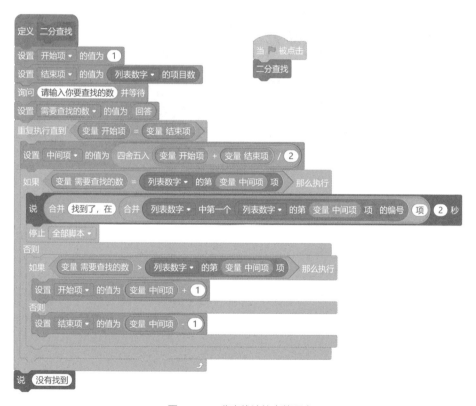

图 1-25　二分查找法的完整程序

聪明的读者，你有没有发现我们在使用二分查找法的时候，列表中的数据是有序的呢？如果列表数据是无序的，就像图 1-26 所示的那样，运用二分查找法还可以获得正确的结果吗？

配套微课

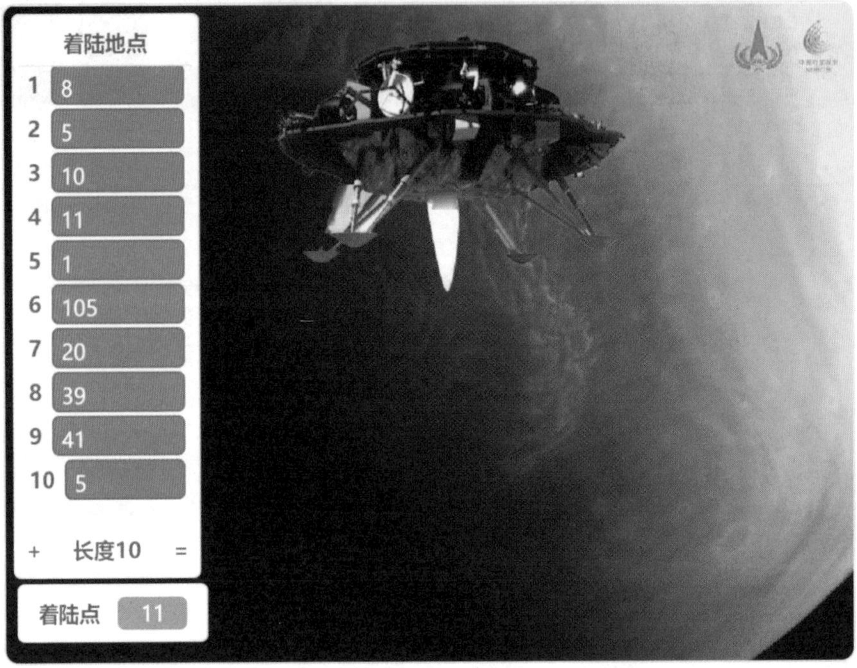

图 1-26　无序的列表数据

思考时间

请对上面无序的列表数据进行二分查找，并写出你通过测试得出的结论。

游戏时间

小区中共有 43 栋房屋，其中有一户的管道漏水，物业迅速关闭了总阀，并切断了所有家庭的供水，物业邀请你来帮助找到漏水的位置，怎么做才能最快地找到漏水的位置呢？请写出你的做法。

第 2 章　从无序到有序

知识点

1. 冒泡排序算法
2. 选择排序算法
3. 插入排序算法
4. 递归与快速排序算法

生活中，需要排序的场景数之不尽，比如邮件，按照我们的要求，既可以按照时间的早晚排序，也可以按照发件人的姓名排序。而每天的热点新闻需要按照点击率来排序，电影院需要按照时间的前后来排片，超市购物需要有序排队结账，图书馆的图书需要按照分类进行排序，甚至网络短视频也是根据算法不断地排序，把你最喜欢的短视频优先推送给你……

面对无序的数值，采用什么样的方法，可以将无序转为有序呢？这真是一个非常棒的问题。

在编程过程中，可以应用很多种排序算法将数据进行排序，每种排序算法都有自己的优缺点，学习排序算法，是我们打开计算思维世界大门的钥匙。

冒泡排序

我们来看看最有趣的算法——冒泡排序算法。

首先，按照列表的顺序建立 6 个和列表顺序一致的泡泡，如图 2-1 所示，然后来看看这些泡泡怎样通过冒泡，最后产生有序的数列。

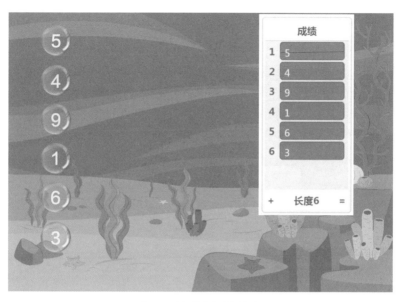

图 2-1　按照列表准备泡泡

01　由下往上，从第一组数值开始比较，把数值小的泡泡放到上面，如
　　图 2-2 所示，由于 3<6，所以交换两个泡泡的位置。

图 2-2　比较第一组数值

继续比较第二组数值，如图 2-3 所示，由于 1<3，所以保持当前的位置
不变。

图 2-3　比较第二组数值

继续比较第三组数值，如图 2-4 所示，由于 1<9，所以交换两个泡泡的
位置。

图 2-4　比较第三组数值

04 继续比较第四组数值，如图 2-5 所示，由于 1<4，所以交换两个泡泡的位置。

图 2-5　比较第四组数值

05 继续比较第五组数值，如图 2-6 所示，由于 1<5，所以交换两个泡泡的位置。经过这一轮冒泡，最小的泡泡已经冒到了最上方。

图 2-6　比较第五组数值

06 回到泡泡的最底层，如图 2-7 所示，重复刚才的操作，直到所有的泡泡从小到大有序排列。

图 2-7 回到泡泡的最底层

游戏时间

请在附件游戏卡上用剪刀剪下小泡泡，手动模拟并讲解冒泡的过程，帮助自己理解冒泡的过程与原理。

冒泡排序游戏卡

理解了冒泡排序的算法逻辑后，我们进入 Mind+，用程序来实现上面的算法，如图 2-8 所示。

图 2-8　冒泡排序算法的程序

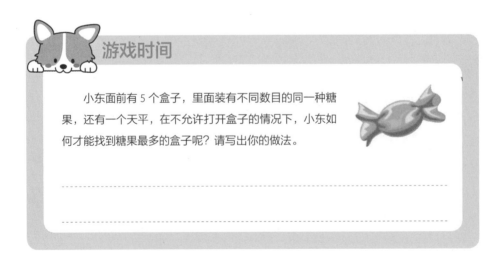

游戏时间

小东面前有 5 个盒子，里面装有不同数目的同一种糖果，还有一个天平，在不允许打开盒子的情况下，小东如何才能找到糖果最多的盒子呢？请写出你的做法。

在比较的过程中，我们需要一个指针，用来指定需要比较的列表项。新建一个【指针】变量，因为我们将从列表的最后一项开始比较，所以把【指针】的初始值设置为列表的项目数，如图 2-9 所示。

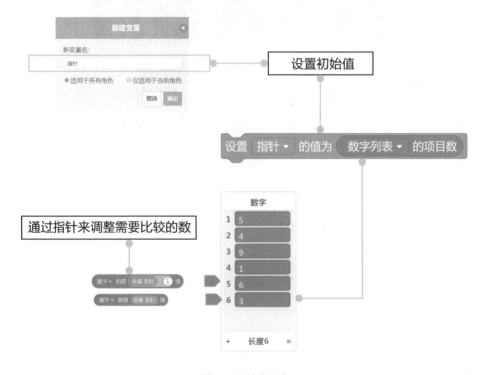

图 2-9　初始化程序

比较【指针】所指项和它的上一项。如果【指针】所指项的数值小于其上一项的数值，那么就需要交换位置。反之，如果【指针】所指项的数值大于上一项的数值，则不需要交换位置。

要将列表中的两个数值进行交换，如果直接用交换命令会出现错误，因为变量同一时间只能存储最后一个数值，并丢掉之前存储的数值，但是我们有一个好办法可以解决这个问题，那就是新建一个临时变量【中转站】，用来临时存放每次比较后的较小数值。

如图 2-10 所示，以数值 3 和 6 为例，因为 3<6，所以首先将 3 放入【中转站】，然后用 6 替换原来的 3，最后用【中转站】存放的 3 替换 6，如此就完成了交换操作。

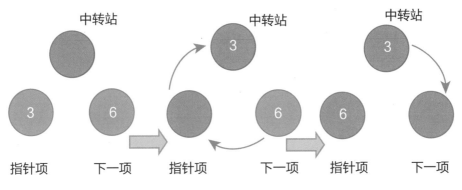

中转站   中转站   中转站

指针项   下一项   指针项   下一项   指针项   下一项

图 2-10 交换操作

交换操作的程序如图 2-11 所示。

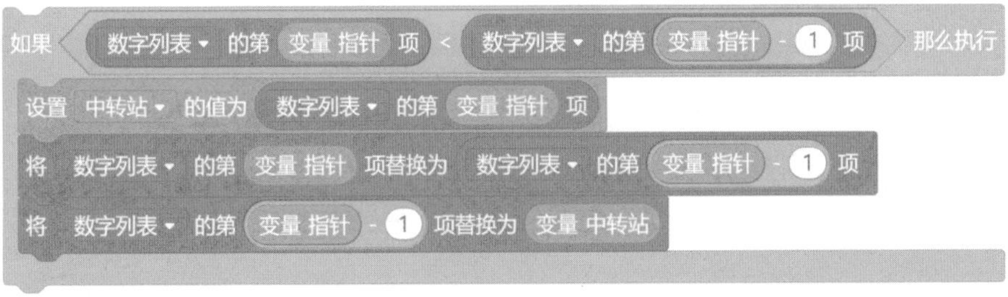

```
如果 〈 数字列表▼ 的第 变量 指针 项 〈 数字列表▼ 的第 变量 指针 - 1 项 〉 那么执行
  设置 中转站▼ 的值为 数字列表▼ 的第 变量 指针 项
  将 数字列表▼ 的第 变量 指针 项替换为 数字列表▼ 的第 变量 指针 - 1 项
  将 数字列表▼ 的第 变量 指针 - 1 项替换为 变量 中转站
```

图 2-11 交换操作的程序

每轮这样的重复操作需要执行多少次呢？因为是两两相比，所以一共需要执行的次数是列表项目数减去 1。补充的程序如图 2-12 所示。

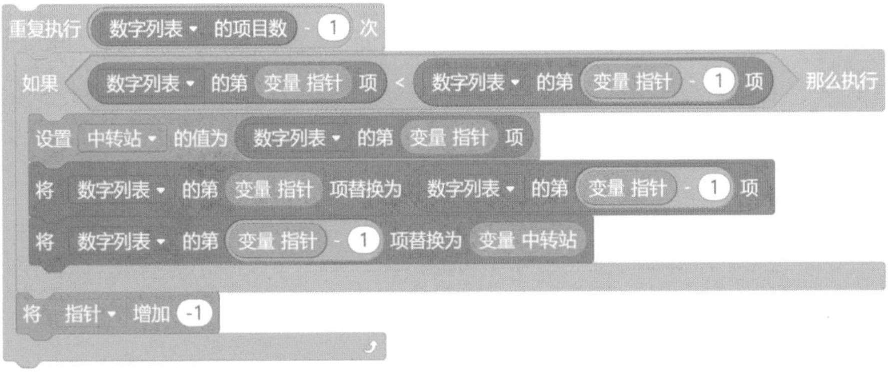

```
重复执行 数字列表▼ 的项目数 - 1 次
  如果 〈 数字列表▼ 的第 变量 指针 项 〈 数字列表▼ 的第 变量 指针 - 1 项 〉 那么执行
    设置 中转站▼ 的值为 数字列表▼ 的第 变量 指针 项
    将 数字列表▼ 的第 变量 指针 项替换为 数字列表▼ 的第 变量 指针 - 1 项
    将 数字列表▼ 的第 变量 指针 - 1 项替换为 变量 中转站
  将 指针▼ 增加 -1
```

图 2-12 补充的程序

同理，我们把轮次的外循环程序也补充上，为了方便观察轮次，增加一个【轮次】的变量，用于记录轮次，并通过说积木来进行提示。完整的程序如图 2-13 所示。

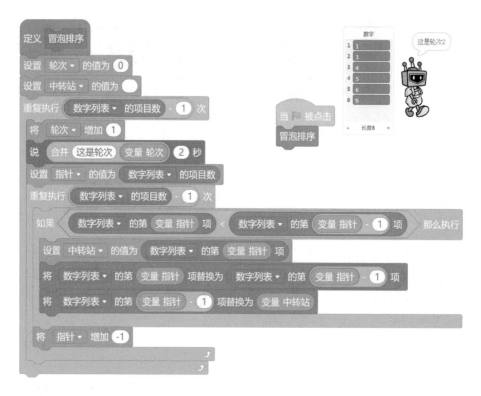

图 2-13　完整的程序

如果现在需要你将如图 2-14 所示列表按照从小到大排序，你会怎么想？

你一定会想：这不是已经排好了吗？为什么还要排序呢？

问题是，你是怎么知道已经排好了呢？答案是：因为你的目光从上往下扫视了一遍，发现数字已经按照要求排好了，所以就不用再排序了。可是对于计算机和刚才我们编写的程序来说，如果我们点击绿旗，它还是会严格按照我们的要求，从内循环到外循环完整地执行一遍。难道程序不能像我们一样，在排序的过程中，扫视一遍，如果发现已经排好了，就不再机械重复了吗？

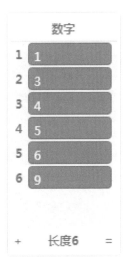

图 2-14　数字列表

算法的优化

我们可以用程序来模拟人眼的扫视，在每次排序后增加一次排序检测，一旦发现任务完成，就停止排序。建立一个变量，取名为【排序检测】，如图 2-15 所示。

图 2-15　新建【排序检测】变量

为【排序检测】设定一个布尔值，如果为 1 代表已经完成，为 0 表示还需要排序。将【排序检测】的初始值设置为 0。在比较的轮次中，如果发生过交换，那么【排序检测】值继续保持为 0；反之，如果在比较的轮次中未发生过交换，那么说明已经排好了，【排序检测】值为 1。按照重复执行的规则，【排序检测】为 1，则停止重复运行并结束排序，添加排序检测功能的程序如图 2-16 所示。

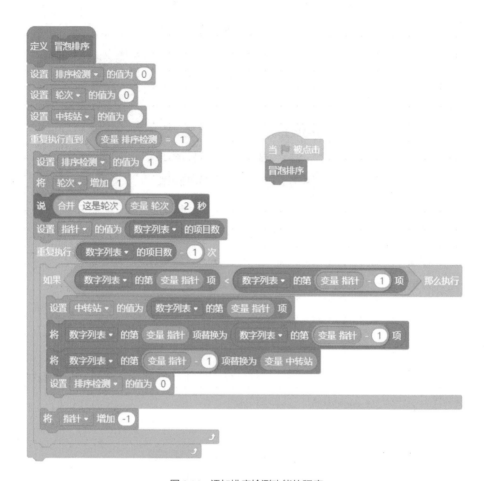

图 2-16　添加排序检测功能的程序

　　添加了排序检测功能后，就像我们有检测的设备一样，程序比之前更加智能了。

选择排序

　　选择排序是先通过整列比较找到最小值，然后用最小值替换最左边的数值，重复这一过程，从而实现排序。需要注意的是它和冒泡排序不同，每次比较不需要交换位置，而是整列比较完成后才交换位置。

01 按照书本编号数字，对书本进行排序，如图 2-17 所示。

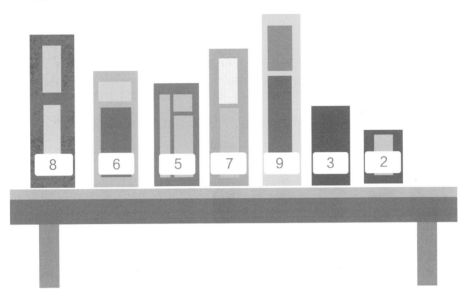

图 2-17 编号并排序

02 假设左起第一项为最小值，将其放在最小数的书架（变量）中，如图 2-18 所示。

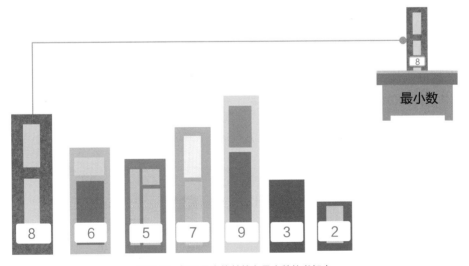

图 2-18 假设最小值并放在最小数的书架中

使用线性查找法，将第二个数与最小数进行比较，如图 2-19 所示。

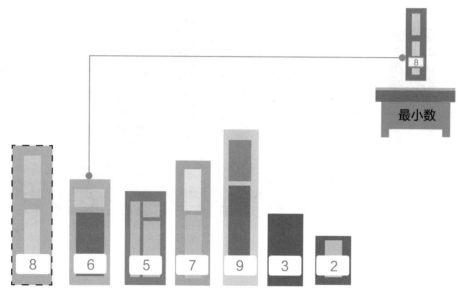

图 2-19　将第二个数与最小数进行比较

因为 6<8，所以更改最小数为 6，如图 2-20 所示。

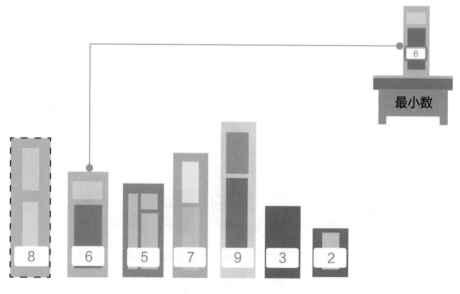

图 2-20　更改最小数

05 继续使用线性查找法,将第三个数与最小数进行比较,如图 2-21 所示。

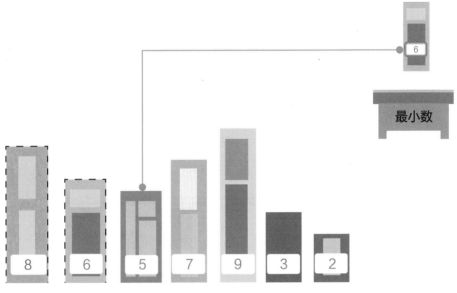

图 2-21 将第三个数与最小数进行比较

06 因为 5<6,所以更改最小数为 5,如图 2-22 所示。

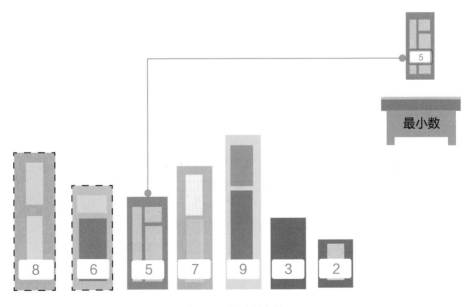

图 2-22 更改最小数

07 将第四个数与最小数进行比较，如图 2-23 所示。

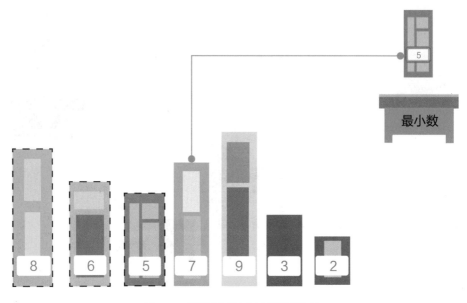

图 2-23　将第四个数与最小数进行比较

08 因为 7>5，所以最小数保持不变，如图 2-24 所示。

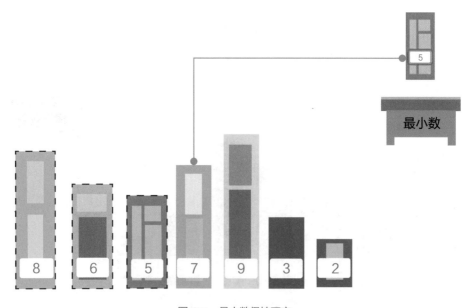

图 2-24　最小数保持不变

09　将第五个数与最小数进行比较，如图 2-25 所示。

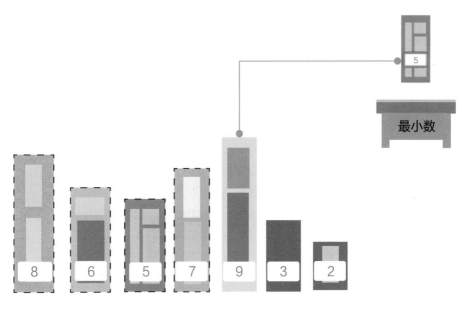

图 2-25　将第五个数与最小数进行比较

10　因为 9>5，所以最小数保持不变，如图 2-26 所示。

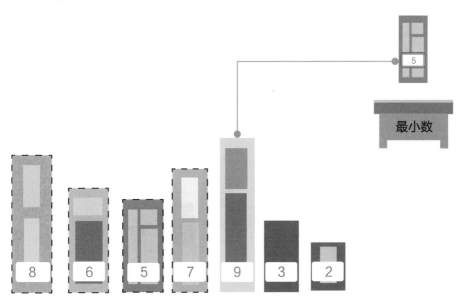

图 2-26　最小数保持不变

11 将第六个数与最小数进行比较，如图 2-27 所示。

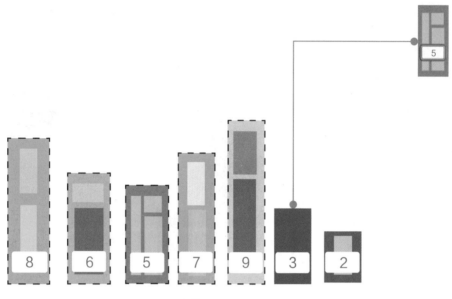

图 2-27　将第六个数与最小数进行比较

12 因为 3<5，所以最小数更改为 3，如图 2-28 所示。

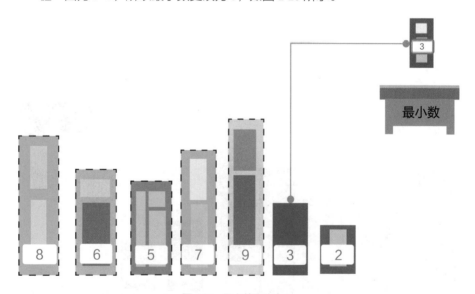

图 2-28　最小数更改为 3

13 将第七个数与最小数进行比较，如图 2-29 所示。

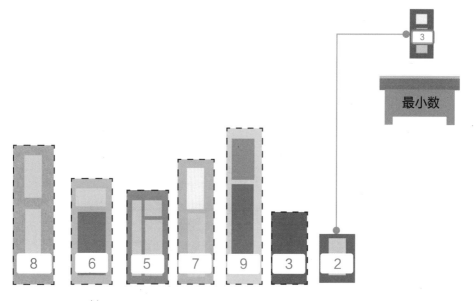

图 2-29　将第七个数与最小数进行比较

14 因为 2<3，所以最小数更改为 2，如图 2-30 所示。

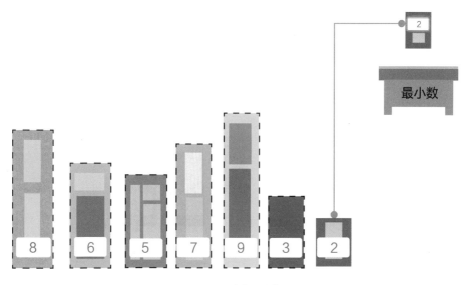

图 2-30　最小数更改为 2

15 通过线性查找和比较后，我们找到了列表中的最小数 2，如图 2-31 所示。

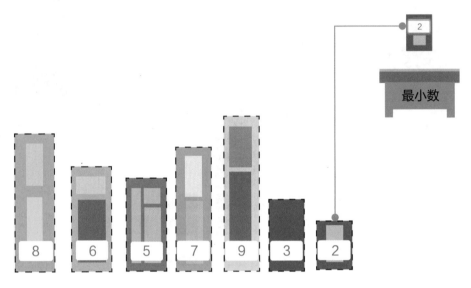

图 2-31　找到最小数 2

16 将最小数 2 与本轮的左起第一项交换位置，完成第一轮排序，如图 2-32 所示。

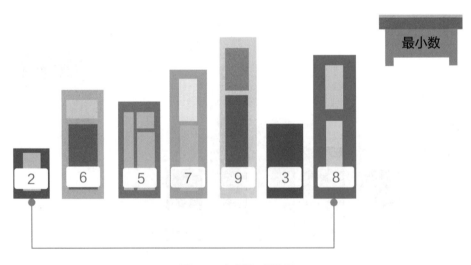

图 2-32　完成第一轮排序

17 第二轮排序开始，假定列表中第二本书编号为最小数，将其放到最小数的书架中，如图 2-33 所示。

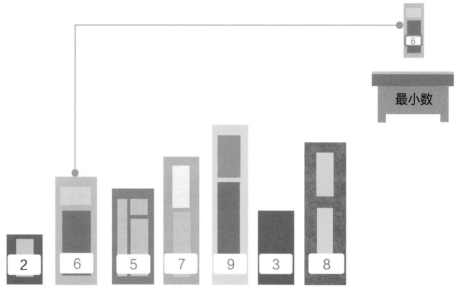

图 2-33 将假定最小数放入最小数书架中

18 重复之前的过程，直到所有数排序完成，结果如图 2-34 所示。

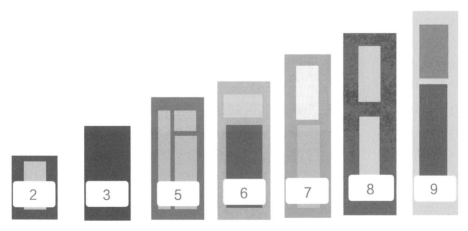

图 2-34 完成排序的结果

第一轮排序时，共进行了 6 次查找与比较。第二轮排序时还需要 6 次吗？

游戏时间

请拿出附件选择排序游戏卡，手动模拟并讲解选择排序的过程，帮助自己理解选择排序的过程与原理。

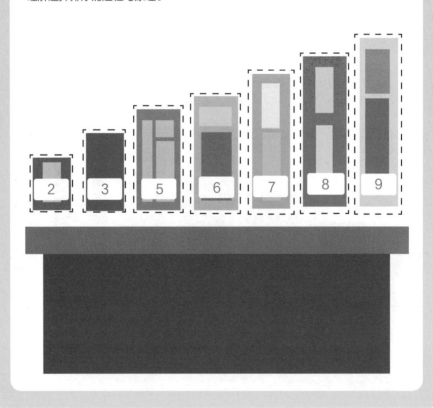

编写选择排序程序

明白了选择排序的算法逻辑后，现在让我们进入 Mind+，通过程序来实现选择排序。

新建一个自定义模块，取名为【选择排序】，如图 2-35 所示。

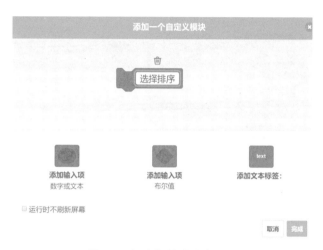

图 2-35　新建【选择排序】模块

在进行选择排序时，新建变量【轮次】用来存储排序的轮次数，新建变量【最小数】和【下一项】分别用来存储临时最小数和即将比较的下一项，初始化以上变量的值，如图 2-36 所示。

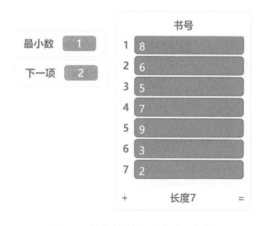

图 2-36　新建变量并初始化变量的值

因为第一轮排序完成以后，列表中的第一项就已经完成排序，在之后的排序中不需要再考虑了，所以重复执行比较的次数会随着轮次的减少而减少，如图 2-37 所示。

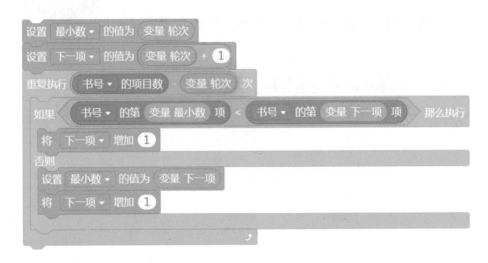

图 2-37　选择排序的比较次数会随着轮次的减少而减少

在执行比较时，如果当前值小于比较值，那么就需要将临时最小数进行更换，如果当前值大于比较值，那么就不用更换临时最小数，继续进行下一项比较。设置【中转值】是为了实现两个数的交换，如图 2-38 所示。

图 2-38　设置【中转值】实现两个数的交换

以上所述是一轮的排序，列表有多少项，我们就需要进行多少轮排序，最后再加上外循环，完成选择排序，编写的算法如图 2-39 所示。

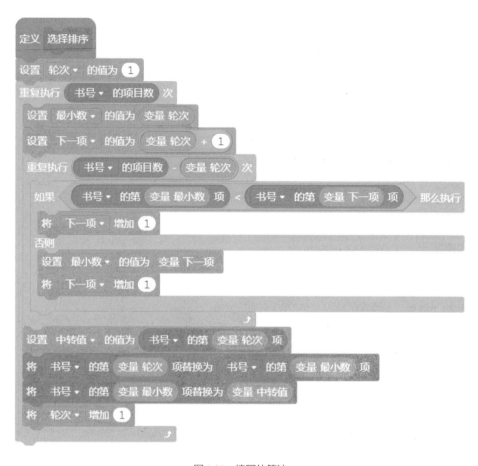

图 2-39 编写的算法

插入排序

插入排序会从列表的第一项开始，通过插入的方法，依次对数据进行排序。在排序的过程中，数列被分成已排序部分和未排序部分，每次从未排序部分取出一个数，将其插入到已排序部分的适当位置，直到将未排序部分全部排序。

01 一队士兵举着数字标牌，我们需要对士兵所举标牌上的数字进行排序，如图 2-40 所示。

图 2-40　对士兵所举标牌上的数字进行排序

02 我们假设最左边的数字 5 已经完成了排序，如图 2-41 所示，所以此时 5 属于已排序部分。我们用绿色表示已排序部分，橙色表示未排序部分。

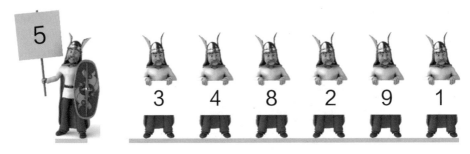

图 2-41　假设最左边的 5 已排序

03 从未排序部分取出最左边的数字 3，将它与左边已排序数字进行比较，如图 2-42 所示。如果左边的数字更大，那么就交换两个数字，直到左边已排序部分的数字比取出的数字更小，或者取出的数字已经被移动到了整个序列的最左边为止。

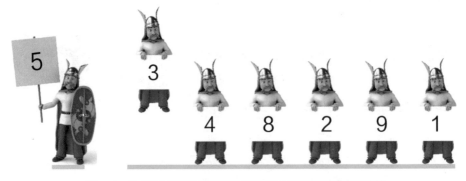

图 2-42　从未排序部分取出最左边的数字 3 与已排序数字进行比较

04 由于 5>3，所以交换这两个数字，数字 3 被移到整个序列的左边，操作结束，如图 2-43 所示。此时 3 和 5 已经列入已排序部分。

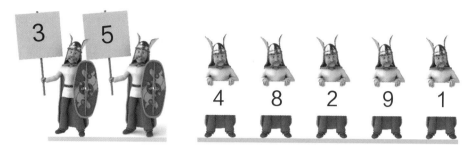

图 2-43　交换数字 5 和 3

05 从未排序部分取出最左边的数字 4，将它与左边的已排序数字 5 进行比较，如图 2-44 所示。

图 2-44　从未排序部分取出最左边的数字 4 与已排序数字进行比较

06 由于 5>4，所以交换这两个数字，如图 2-45 所示。

图 2-45　交换数字 5 和 4

07 交换以后，再把数字 4 和左边的数字 3 进行比较，如图 2-46 所示。因为 3<4，所以本次操作结束。

图 2-46　把数字 4 和左边的数字 3 进行比较

08 截至目前，数字 3、4、5 已经进入已排序部分，我们发现已排序部分在增大，而未排序部分在减少。继续取出未排序部分的数字 8，发现左边所有的数字都比它小，所以无须进行任何操作，直接将 8 加入已排序部分，如图 2-47 所示。

图 2-47　直接将 8 加入已排序部分

09 此时，数字 3、4、5、8 已经进入已排序部分，如图 2-48 所示，我们发现已排序部分继续在增大，而未排序部分继续在减少。

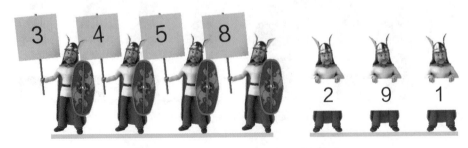

图 2-48　数字 3、4、5、8 已经进入已排序部分

10 重复上述操作，直到所有的数字都找到合适的位置，排序结果如图 2-49 所示。

图 2-49　排序结果

游戏时间

　　请在附件插入排序游戏卡中，用剪刀剪下士兵，手动模拟并讲解插入排序的过程，帮助自己理解插入排序的过程与原理。

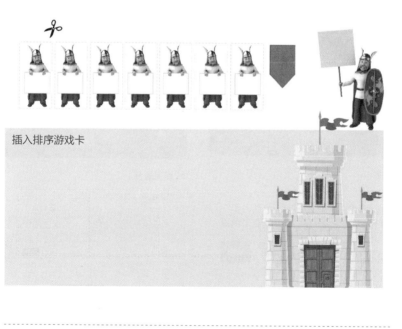

插入排序游戏卡

编写插入排序程序

明白了插入排序的算法逻辑后，现在让我们进入 Mind+，通过程序来实现插入排序。

新建自定义模块【插入排序】。

新建列表【数字】，将数据添加到列表中，如图 2-50 所示。

图 2-50　添加列表数据

新建两个变量【已排序】和【未排序】，用来存储已排序的数和未排序的数，如图 2-51 所示。

图 2-51　新建两个变量【已排序】和【未排序】

假定列表的第 1 项已经完成排序，那么未排序项的值为 2，如图 2-52 所示。

图 2-52　设置最初的未排序项与已排序项

排序方法是将未排序项的数字与已排序项的数字进行比较，直到将未排序项的数字插入到比自己小的已排序项的数字的左侧，如图 2-53 所示。

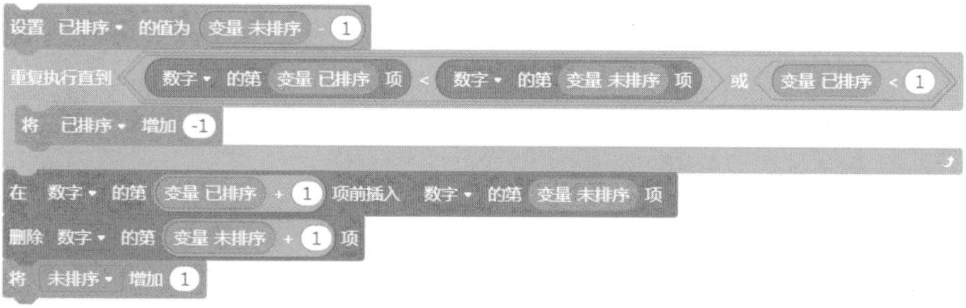

设置 已排序 ▾ 的值为 变量 未排序 - ①
重复执行直到 数字 ▾ 的第 变量 已排序 项 < 数字 ▾ 的第 变量 未排序 项 或 变量 已排序 < ①
　将 已排序 ▾ 增加 -①
在 数字 ▾ 的第 变量 已排序 + ① 项前插入 数字 ▾ 的第 变量 未排序 项
删除 数字 ▾ 的第 变量 未排序 + ① 项
将 未排序 ▾ 增加 ①

图 2-53　排序方法

这是一个需要重复执行的过程，重复执行到什么时候停止呢？直到待处理项的最后一个数字处理完，排序结束，如图 2-54 所示。

图 2-54　排序结束条件

完整程序如图 2-55 所示。

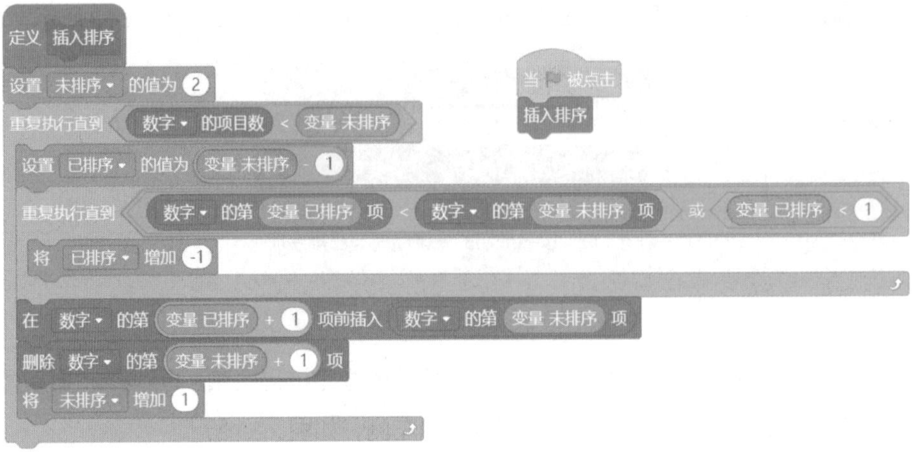

定义 插入排序

设置 未排序▾ 的值为 2

重复执行直到 〈 数字▾ 的项目数 〈 变量 未排序 〉

　设置 已排序▾ 的值为 〈 变量 未排序 - 1 〉

　重复执行直到 〈 数字▾ 的第 变量 已排序 项 〈 数字▾ 的第 变量 未排序 项 或 变量 已排序 〈 1 〉

　　将 已排序▾ 增加 -1

　在 数字▾ 的第 〈 变量 已排序 + 1 〉项前插入 数字▾ 的第 变量 未排序 项

　删除 数字▾ 的第 〈 变量 未排序 + 1 〉项

　将 未排序▾ 增加 1

当 ▶ 被点击
插入排序

图 2-55　完整程序

递归

　　递归就是让程序自己执行自己，听起来有些不可思议吧？先让我们来看这样一段报数递归程序，如图 2-56 所示，运行以后会是什么结果呢？

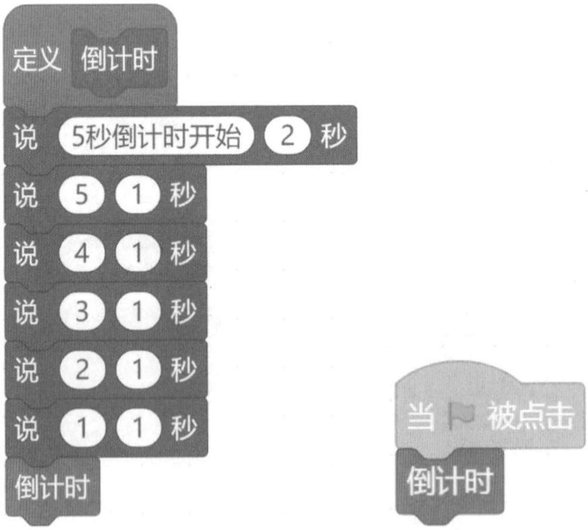

定义 倒计时

说 〈 5秒倒计时开始 〉 2 秒

说 5 1 秒

说 4 1 秒

说 3 1 秒

说 2 1 秒

说 1 1 秒

倒计时

当 ▶ 被点击
倒计时

图 2-56　报数递归程序

运行以后，你会发现这是一段倒计时程序，只要我们不关闭程序，倒计时就会无休无止地运行下去，这让我们想起一个笑话：从前有座山，山里有座庙，庙里有个老和尚正在讲故事，他讲的故事是，从前有座山，山里有座庙……

如果就这样简单地重复，实际意义不大。其实递归的过程，也是可以进行控制的。将上面的程序稍微修改一下，增加一个控制参数，即添加一个自定义模块，【倒计时（次数）】，如图 2-57 所示。有了这个控制参数，我们就能随意控制递归在什么时候结束了。

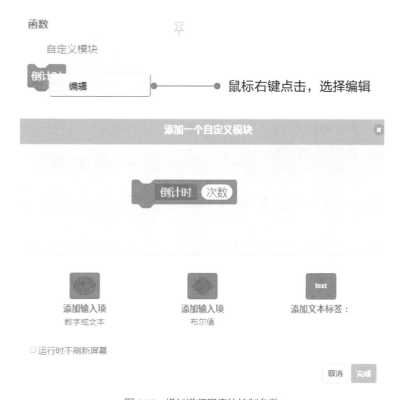

图 2-57　增加递归程序的控制参数

编写递归函数时，需要告诉它什么时候停止递归。递归函数由两个部分组成，一个是基线条件，一个是递归条件，如图 2-58 所示。递归条件是指函数自己调用自己，而基线条件是指函数不再调用自己，避免进入无限循环。

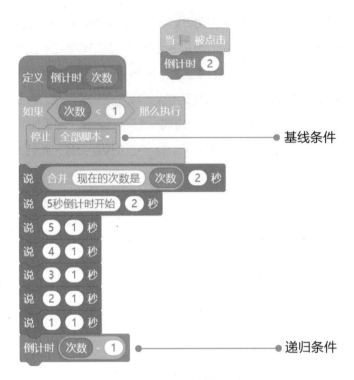

图 2-58　基线条件与递归条件

先放下手中的书，一起来玩一个游戏吧，这个游戏的名字叫作汉诺塔，如图 2-59 所示。通过玩这个游戏，我们会发现递归的秘密。建议在学习此项算法前，用纸片或者胶泥制作一个简易的实体玩具，如果实在没有实体玩具，可以在配套资料中找到汉诺塔游戏。

图 2-59　汉诺塔游戏

游戏开始的时候如图 2-60 所示，有 3 根柱子 A、B、C，A 柱上有 5 个圆盘，把这 5 个圆盘按照原本的顺序移动到 C 柱上，就算过关。不过，移动圆盘的时候要遵守以下两个规则：

1）1 次只能移动 1 个圆盘。

2）不能把大的圆盘放在小的圆盘上。

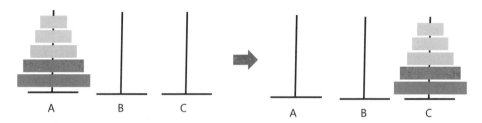

图 2-60　将 A 柱上的圆盘移动到 C 柱上

将一个圆盘从一根柱子移动到另一根柱子，算移动 1 次。那么将 5 个圆盘全部从 A 柱移动到 B 柱，最少需要移动几次呢？

是不是一下子要回答出来，思绪有些混乱呢？我们来换一个方式思考问题，那就是缩小问题的规模，先从两个圆盘来思考，如图 2-61 所示，如果需要把 A 柱上的圆盘移动到 B 柱上，需要移动几次呢？首先将 A 柱上的红色小圆盘移动到 C 柱上，接下来将 A 柱上的灰色大原盘移动到 B 柱上，最后再将 C 柱上的红色小圆盘移动到 B 柱的灰色大圆盘上，完成移动，整个过程需要移动 3 次。

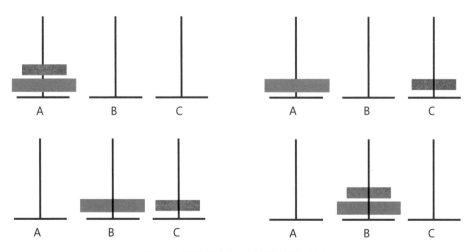

图 2-61　两个圆盘从 A 柱上移动到 B 柱上

如果要把同样多的圆盘从 A 柱上移动到 C 柱上呢？虽然移动的柱子不一样，但是方法和次数是一样的，如图 2-62 所示。

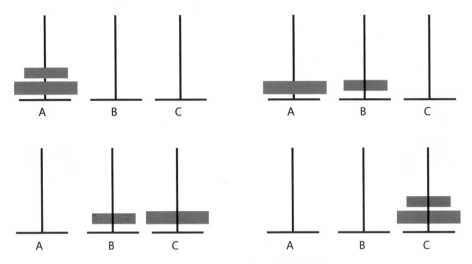

图 2-62　两个圆盘从 A 柱上移动到 C 柱上

把上面的过程总结一下，那就是移动两个圆盘到任意一根柱子上需要移动 3 次，如图 2-63 所示。

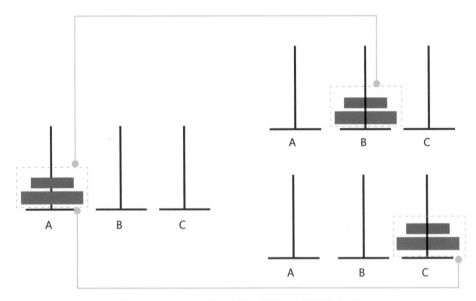

图 2-63　移动两个圆盘到任意一根柱子上需要移动 3 次

下面再来观察一下三个圆盘的移动，如图 2-64 所示，看看你能不能从中发现规律？

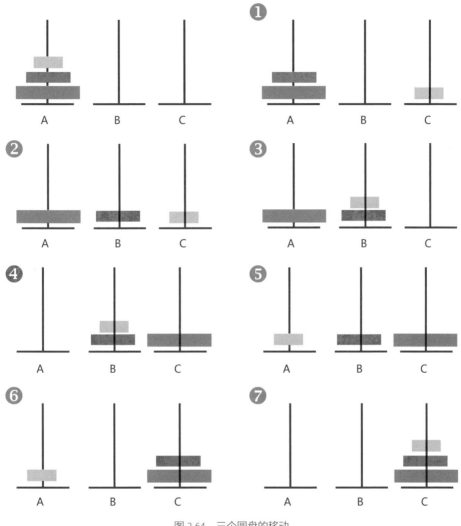

图 2-64　三个圆盘的移动

让我们来把这个过程分成三个阶段：

第一个阶段：步骤 ❶❷❸，这三个步骤实现了将两个圆盘从一根柱子上移动到另一根柱子上。

第二个阶段：步骤 ❹，该步骤是将最下面的大圆盘从一根柱子上移动到另一根柱子上。

第三个阶段：步骤 ❺❻❼，这三个步骤实现了将两个圆盘从一根柱子上移动到另一根柱子上。

再来看看四个圆盘的移动情况，如图 2-65 所示。

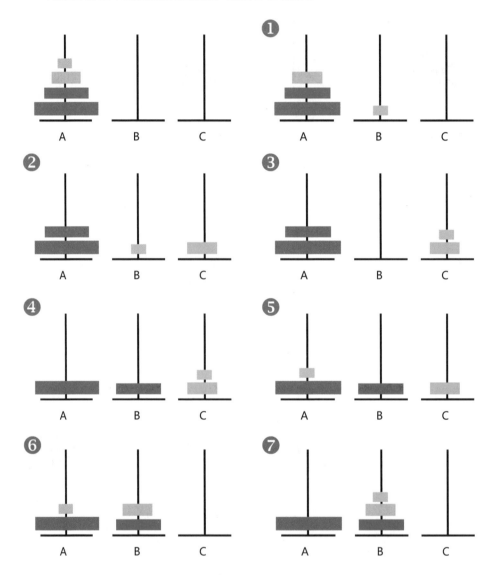

图 2-65　四个圆盘的移动情况

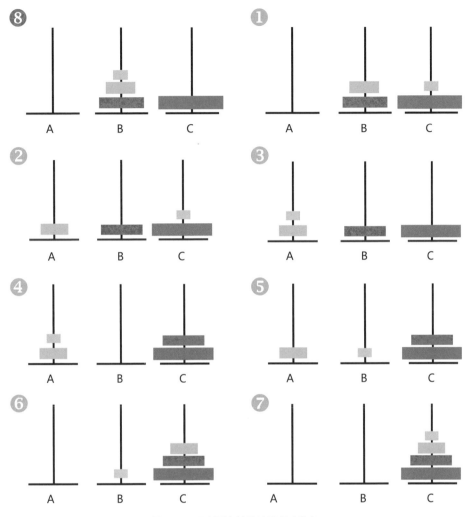

图 2-65　四个圆盘的移动情况（续）

看出有什么规律吗？这个过程同样可以分成三个阶段。

第一个阶段：步骤 ❶~❼，这七个步骤实现了将三个圆盘从一根柱子上移动到另一根柱子上。

第二个阶段：步骤 ❽，该步骤是将最下面的大圆盘从一根柱子上移动到另一根柱子上。

第三个阶段：步骤 ❶~❼，这七个步骤实现了将三个圆盘从一根柱子上移动到另一根柱子上。

总结：要实现 n 个圆盘的移动，我们只需要解决（n-1）个圆盘的移动就可以了；那么要解决（n-1）个圆盘的移动，我们只需要解决（n-2）个圆盘的移动就可以了；……；要实现 3 个圆盘的移动，只需要解决 2 个圆盘的移动就可以了；要实现 2 个圆盘的移动，只需要解决 1 个圆盘的移动就可以了。

汉诺塔程序

新建一个名为【汉诺塔】的自定义模块，并添加 4 个变量：【盘数】、【A 柱】、【B 柱】、【C 柱】，如图 2-66 所示。

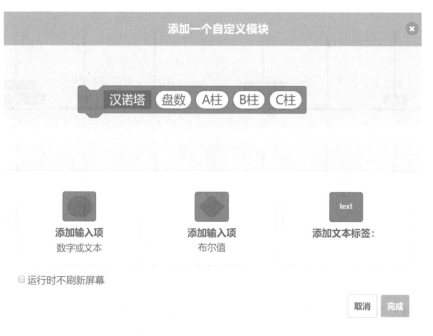

图 2-66　新建名为【汉诺塔】的自定义模块

先来看一个圆盘时的情况，当 A 柱上只有 1 个圆盘时，只需要将圆盘从 A 柱上移动到 C 柱上，即需要移动 1 次，如图 2-67 所示。

图 2-67　一层汉诺塔移动方法

当 A 柱上有 n 个圆盘时，我们要解决（n-1）个圆盘的移动，递归的方式为，先将（n-1）个盘子从 A 柱上移动到 B 柱上，再将圆盘从 B 柱上移动到 C 柱上，如图 2-68 所示。

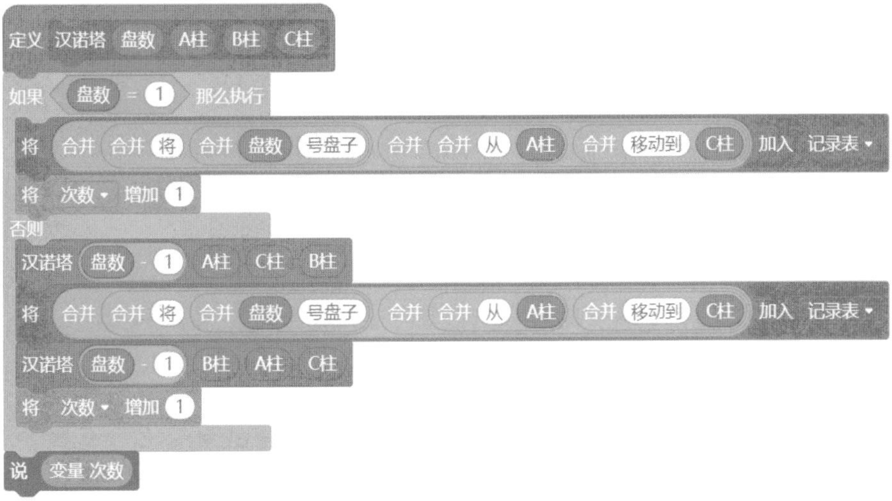

图 2-68　n 层汉诺塔

程序编写完成后，设置层数是 1，先来观察一下记录表里的情况，如图 2-69 所示。

图 2-69   通过列表观察移动方法

盘数为 2 的情况如图 2-70 所示。

图 2-70   盘数为 2 的情况

盘数为 3 的情况如图 2-71 所示。

图 2-71   盘数为 3 的情况

思考时间

汉诺塔源于印度传说，在印度的一个神庙中有三根金刚石柱子，其中一根柱子自底向上叠着 64 个黄金圆盘，被称为梵天之塔。据说，当僧侣们成功将圆盘从下面开始，按大小顺序重新摆放在另一根柱子上时，宇宙就将终结。其中规定，在小圆盘上不能放大圆盘，在三根柱子之间一次只能移动一个圆盘。

通过前面的分析，我们可以算出移动 64 个圆盘需要的次数，你有没有试过呢？不过我敢说，你一定没有等待程序运行结束。为什么我敢这么说呢？我们来推导一下这个过程。

从递归的规律来观察，移动 0 个圆盘的次数为 0，移动 1 个圆盘的次数为 1，移动 2 个圆盘的次数为 3，移动 64 个圆盘的次数如下：

$H(0)=0$ $0=1-1$

$H(1)=H(0)+1+H(0)=1$ $1=2-1$

$H(2)=H(1)+1+H(1)=3$ $3=4-1$

$H(3)=H(2)+1+H(2)=7$ $7=8-1$

$H(4)=H(3)+1+H(3)=15$ $15=16-1$

$H(5)=H(4)+1+H(4)=31$ $31=32-1$

$H(6)=H(5)+1+H(5)=63$ $63=64-1$

通过观察，可以推导出移动圆盘次数的公式 $H(n)=2^n-1$，算一算移动 64 个圆盘需要多少次呢？

$$H(64)=2^{64}-1=18446744073709551615（次）$$

假设一次移动需要 1 秒，那么完成移动 64 个圆盘需要

$$18446744073709551615（秒）÷60÷24÷365≈5849（亿年）$$

要知道太阳系从形成到现在才 46 亿年。移动 64 个圆盘所用的时间是不是超过你最初的设想呢？

快速排序

1. 快速排序的逻辑

通过第一次排序，将要排序的数据分割成独立的两部分，其中一部分的数据都比另外一部分的数据小，然后再按此方法对这两部分数据分别进行快速排序，整个排序过程可以递归进行，直到所有数据变成有序序列。

2. 快速排序法的算法模拟

列表中有以下数字：3、5、8、1、9、2、4，我们随机选择一个基准值（本例中选择左起第一位 3，如图 2-72 所示），然后在列表的两端各安装一个检查机器人。现在从右机器人开始，从右往左展开寻找，如果发现当前数字比基准值小就停下来。

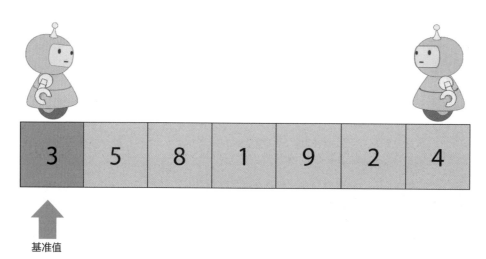

图 2-72　选择一个基准值

右机器人往左一步，发现 2<3，停了下来，如图 2-73 所示。

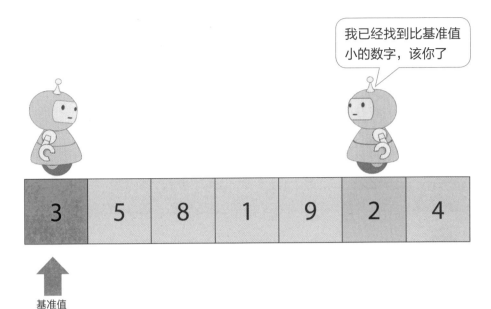

图 2-73　右机器人往左一步

左机器人从左往右寻找，直到找到比基准值大的数字。左机器人往右一步，发现 5>3，停了下来，如图 2-74 所示。

图 2-74　左机器人往右一步

此时，交换两个机器人发现的数字，如图 2-75 所示。

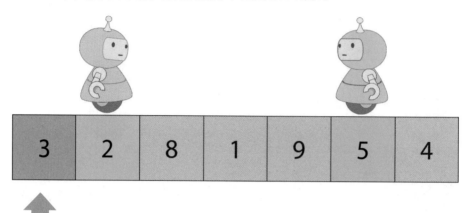

图 2-75　交换两个机器人发现的数字

右机器人继续出发，寻找比基准值小的数字，发现 1<3，停了下来，如图 2-76 所示。

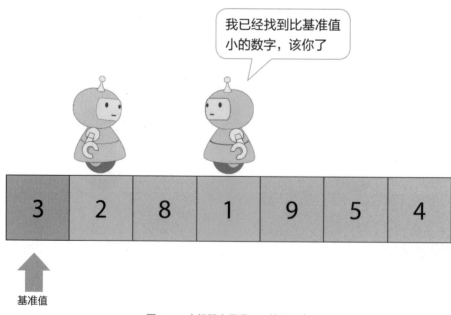

图 2-76　右机器人发现 1<3 停了下来

左机器人继续往右寻找，发现 8>3，停了下来，如图 2-77 所示。

图 2-77　左机器人发现 8>3 停了下来

此时，交换两个机器人发现的数字，如图 2-78 所示。

图 2-78　交换两个机器人发现的数字

右机器人继续往左寻找，与左机器人相遇，如图 2-79 所示。

图 2-79　两个机器人相遇

当左右机器人相遇时，交换双方脚下的数字与基准值，如图 2-80 所示。此时我们发现，经过以上的查找和交换，数列变成了两部分，左边蓝色是小于 3 的部分，右边黄色是大于 3 的部分。接下来，机器人将会按照同样的办法，对两部分的数字进行再处理。先看左侧的部分。

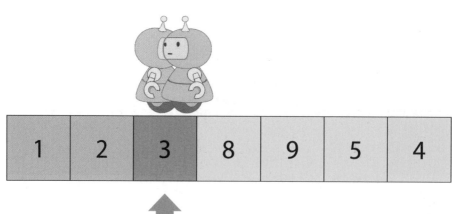

图 2-80　交换双方脚下的数字与基准值

设定左起第一位为基准值，如图 2-81 所示。从右机器人开始，右机器人往左走与左机器人相遇。

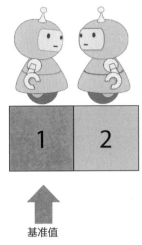

图 2-81　设定左起第一位为基准值

交换相遇数字与基准值，如图 2-82 所示，将数列分为两个部分，这一步将 1 和 2 分割为单独的 1 和 2，完成排序。

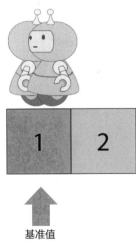

图 2-82　交换相遇数字与基准值

左侧的数字完成排序，如图 2-83 所示。

图 2-83 左侧的数字完成排序

再来看看右侧的数字，采用同样的方法，设定左起第一位为基准值，如图 2-84 所示。从右机器人开始往左寻找，直到找到比基准值小的数字，当前 4<8，所以右机器人保持不动。

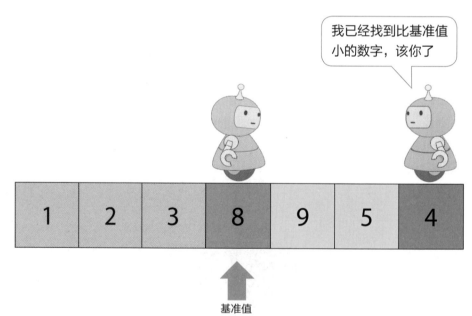

图 2-84 设定左起第一位（右侧部分）为基准值

左机器人往右寻找，直到找到比基准值大的数字，发现 9>8，左机器人停了下来，如图 2-85 所示。

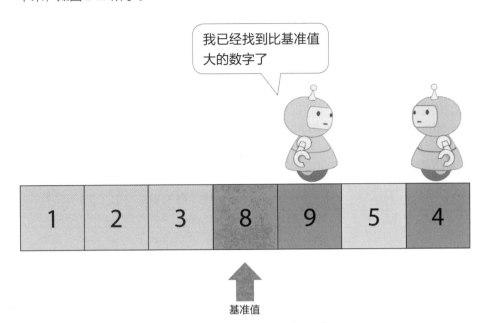

图 2-85　左机器人发现 9>8 停了下来

按照规则，交换两个机器人发现的数字，如图 2-86 所示。

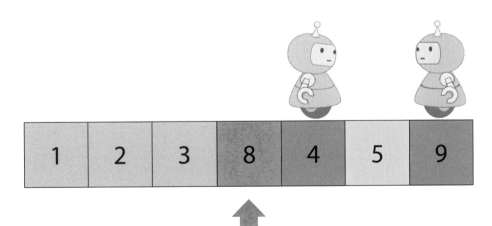

图 2-86　交换两个机器人发现的数字

右机器人继续出发，寻找比基准值小的数字，发现 5<8，右机器人停了下来，如图 2-87 所示。

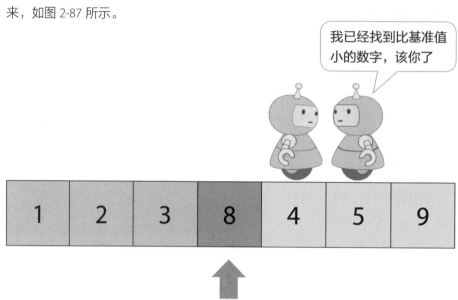

图 2-87　右机器人发现 5<8 停了下来

左机器人继续出发，寻找比基准值大的数字，在途中与右机器人相遇，如图 2-88 所示。

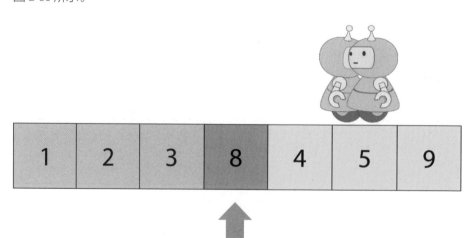

图 2-88　左机器人与右机器人相遇

相遇后，按照规则，交换基准值与相遇时的数，这时数列又被分成了两个部分，左边部分是小于基准值 8 的数，而右边部分是大于 8 的数。

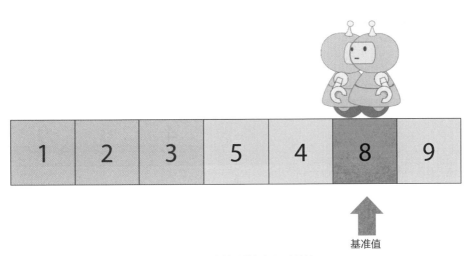

图 2-89　交换基准值与相遇时的数

现在，机器人会按照同样的办法，对两部分的数字再进行处理。先看左边部分，设定左起第一位为基准值，如图 2-90 所示。

图 2-90　左右机器人重新展开寻找

从右机器人开始，寻找比基准值小的数，当前 4<5，所以保持不动。

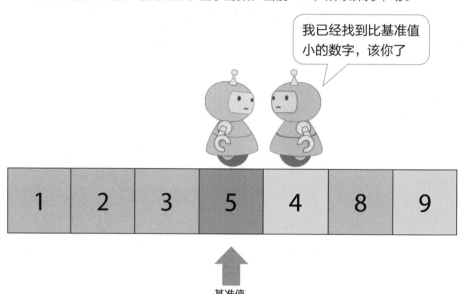

图 2-91　右机器人发现 4<5，保持不动

左机器人继续寻找比基准值大的数，往前一步与右机器人相遇。

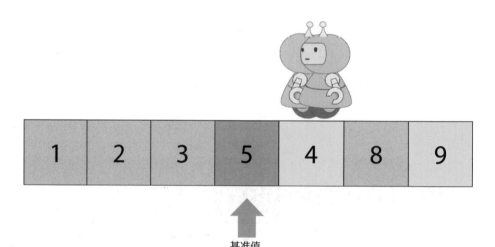

图 2-92　左机器人与右机器人相遇

相遇后，交换基准值与它们脚下的数。

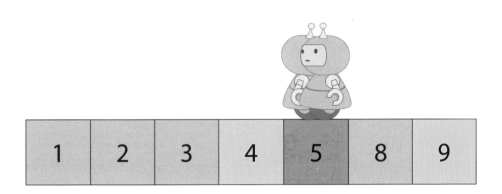

图 2-93　交换基准值与相遇时的数

以此类推，通过多次的局部排序，我们快速完成了整个数列的排序，如图 2-94 所示。我们可以通过互动游戏卡来更好地理解快速排序法的算法逻辑。

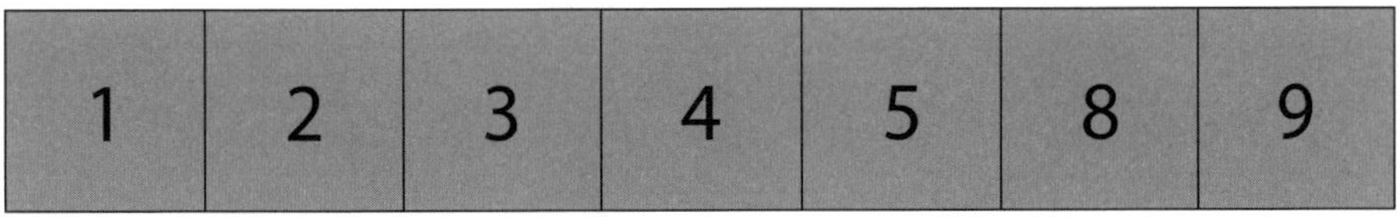

| 1 | 2 | 3 | 4 | 5 | 8 | 9 |

图 2-94　完成数列的排序

无论数列的规模有多大，只需要按照我们制定的步骤，就可以完成快速排序。

总结一下快速排序的步骤：

步骤 1：选定一个数字作为基准值。

步骤 2：从右向左开始查找，直到找到一个比基准值小的数字。

步骤 3：从左向右开始查找，直到找到一个比基准值大的数字。

步骤 4：双方查找到符合要求的数字后，互换查找到的数字。

步骤 5：如果查找时左右两边相遇，则交换相遇的数字和基准值，将数列分为两个部分，分别是比基准值小的部分和比基准值大的部分。

步骤 6：重复以上步骤，直到完成全部排序。

理解了快速排序使用的递归方法后，我们来编写程序实现快速排序。

新建一个自定义模块，取名为【快速排序】，并添加两个参数，分别为【左机器人】和【右机器人】，如图 2-95 所示。

图 2-95　新建快速排序模块并添加两个参数

新建 3 个变量，分别用来存储基准值、左机器人数值、右机器人数值，如图 2-96 所示。

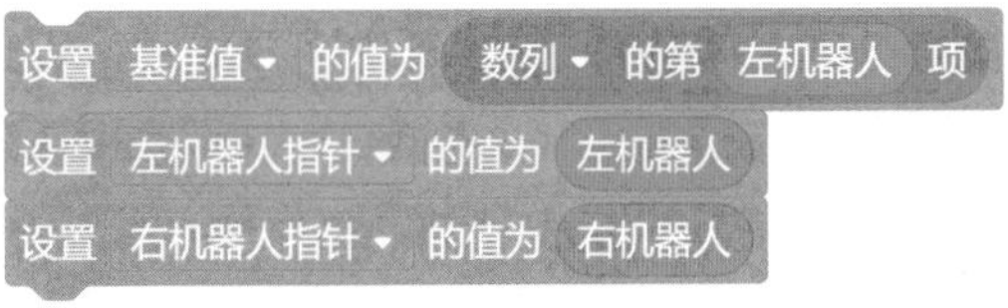

图 2-96　新建 3 个变量

设定右机器人往左寻找的方法，如图 2-97 所示。

图 2-97　设定右机器人往左寻找的方法

设定左机器人往右寻找的方法，如图 2-98 所示。

图 2-98　设定左机器人往右寻找的方法

设定左右机器人寻找到适合的数字后的交换方法，如图 2-99 所示。

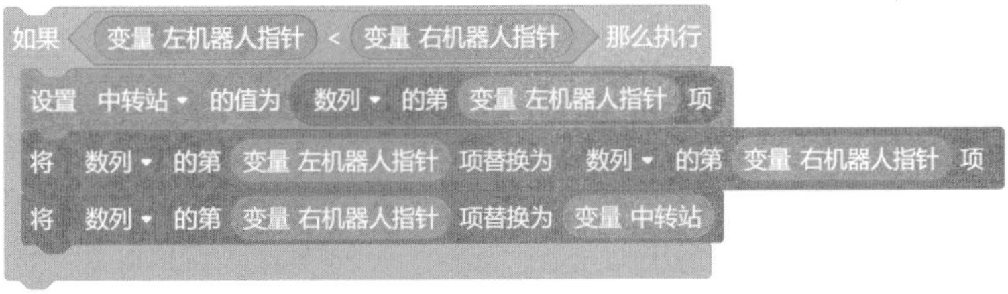

图 2-99　设定左右机器人寻找到适合的数字后的交换方法

以上左右机器人的移动以及交换是一个持续重复的过程，设定重复执行的条件，即在左右机器人相遇之前，如图 2-100 所示。

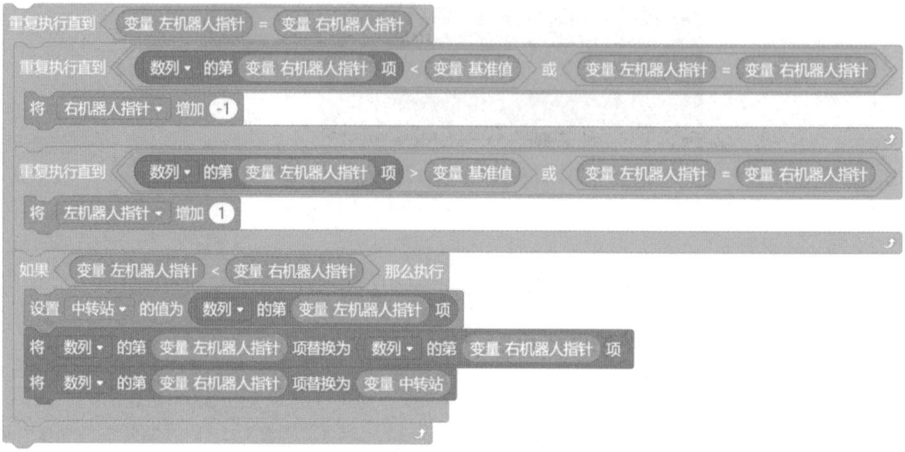

重复执行直到 变量 左机器人指针 = 变量 右机器人指针
　重复执行直到 数列▼ 的第 变量 右机器人指针 项 < 变量 基准值 或 变量 左机器人指针 = 变量 右机器人指针
　　将 右机器人指针▼ 增加 -1
　重复执行直到 数列▼ 的第 变量 左机器人指针 项 > 变量 基准值 或 变量 左机器人指针 = 变量 右机器人指针
　　将 左机器人指针▼ 增加 1
　如果 变量 左机器人指针 < 变量 右机器人指针 那么执行
　　设置 中转站▼ 的值为 数列▼ 的第 变量 左机器人指针 项
　　将 数列▼ 的第 变量 左机器人指针 项替换为 数列▼ 的第 变量 右机器人指针 项
　　将 数列▼ 的第 变量 右机器人指针 项替换为 变量 中转站

图 2-100　设定重复执行的条件

两个机器人相遇之后，将交换基准值和当前数字，设置交换方法，如图 2-101 所示。

将 数列▼ 的第 左机器人 项替换为 数列▼ 的第 变量 左机器人指针 项
将 数列▼ 的第 变量 左机器人指针 项替换为 变量 基准值

图 2-101　设置交换方法

然后只需要程序自己调用自己，采用递归的方式完成剩下的部分就可以了，如图 2-102 所示。

快速排序 左机器人 变量 左机器人指针 - 1
快速排序 变量 左机器人指针 + 1 右机器人

图 2-102　采用递归的方式完成剩下的部分

什么时候结束递归呢？最后设定递归结束的条件即可，完整程序如图 2-103
所示。

图 2-103　完整程序

第3章　栈与队列

知识点

1. 数据结构中的出栈与入栈
2. 数据结构中的队列

栈

栈是先进后出的数据结构，就像我们去超市购物，最先选到的商品被放在购物车的底部，这个过程用编程来描述称为入栈，如图 3-1 所示。到了需要取出商品的时候，最后放入购物车的商品因为在上面所以被先取出，这个过程用编程来描述称为出栈，如图 3-2 所示。

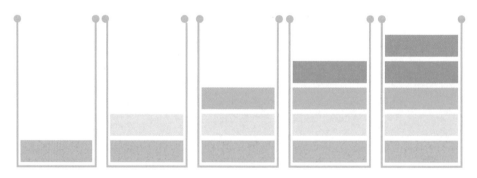

图 3-1　入栈

第 3 章 栈与队列

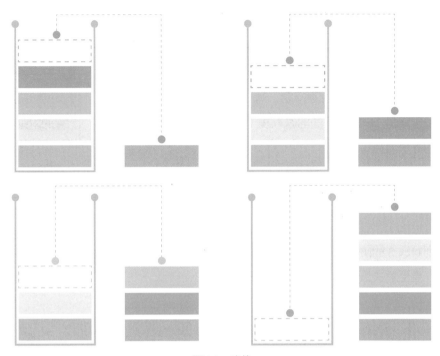

图 3-2 　出栈

入栈的时候，先购买的商品被放在购物车的底部。在递归算法中，最大规模的问题被放在底部，等待解决。

出栈的时候，后购买的商品被先拿出。在递归算法中，最小规模的问题被先取出，获得解决。

这样的问题，在生活中我们也会经常遇到。假如要解决阶乘的问题，如 n 的阶乘：$n \times (n-1) \times (n-2) \times \cdots \times 1$，那么如何利用递归算法中的栈来解决呢？

小知识

阶乘指从 1 乘以 2 乘以 3 乘以 4 一直乘到所要求的数。例如所要求的数是 4，则阶乘式是 $1 \times 2 \times 3 \times 4$，得到的积是 24，24 就是 4 的阶乘。例如所要求的数是 6，则阶乘式是 $1 \times 2 \times 3 \times \cdots \times 6$，得到的积是 720，720 就是 6 的阶乘。例如所要求的数是 n，则阶乘式是 $1 \times 2 \times 3 \times \cdots \times n$，设得到的积是 x，x 就是 n 的阶乘。任何大于 1 的自然数 n 的阶乘表示为：$n! = 1 \times 2 \times 3 \times \cdots \times n$　或 $n! = n \times (n-1)!$。

079

为了方便说明，我们先把 n 设定为 5。要解决 5 的阶乘问题，需要解决 4 的阶乘问题；而要解决 4 的阶乘问题，需要解决 3 的阶乘问题；要解决 3 的阶乘问题，需要解决 2 的阶乘问题；要解决 2 的阶乘问题，需要解决 1 的阶乘问题；而 1 的阶乘就是 1。将这样的问题入栈（栈也可以理解成计算机分配的一块内存），如图 3-3 所示。

图 3-3　阶乘的入栈

我们先把 1 的阶乘取出，解决最小规模的问题。解决了 1 的阶乘问题，就能顺利解决 2 的阶乘问题，然后分别从栈中取出最上层的问题，逐一解决，依此类推，直至解决最下层最大规模的问题，如图 3-4 所示。

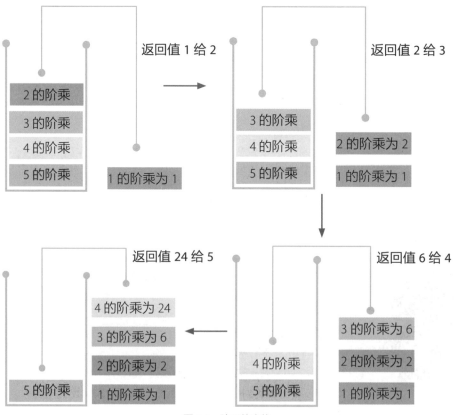

图 3-4　阶乘的出栈

Python 模式下的栈调用，自定义的函数可以返回一个或者多个数值，如图 3-5 所示。

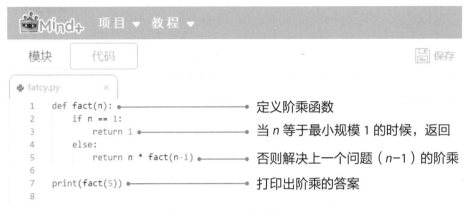

图 3-5　Python 模式下的栈调用

在 Mind+ 图形化编程中，并没有提供这样的返回值，但是我们可以模拟入栈和出栈，感受这一过程，如图 3-6 所示。

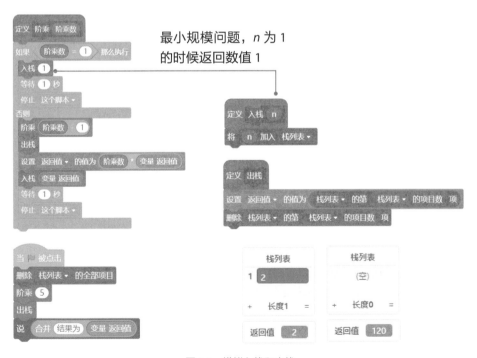

图 3-6　模拟入栈和出栈

081

斐波那契数列

在汉诺塔游戏中，面对 n 的问题，我们使用了（$n-1$）的方法来解决，这是递归算法的基本思想，现在我们看看更为复杂的递归算法。

13 世纪，意大利数学家斐波那契在他的《算盘书》的修订版中增加了一道著名的兔子繁殖问题。问题如下：如果每对兔子（一雄一雌）每月能生殖一对小兔子（也是一雄一雌，下同），每对兔子第一个月没有生殖能力，但从第二个月以后便能每月生一对小兔子，假定这些兔子都没有死亡现象，那么从第一对刚出生的兔子开始，12 个月以后会有多少对兔子呢？

这个问题的解释如下：第一个月只有一对兔子；第二个月仍然只有一对兔子；第三个月这对兔子生了一对小兔子，共有 1+1=2 对兔子；第四个月最初的一对兔子又生一对兔子，共有 2+1=3 对兔子；第一个月到第十二个月兔子的对数分别是：1、1、2、3、5、8、13、21、34、55、89、144、…将上面的数据用表来表示，能更方便我们有效地观察，并发现规律，如表 3-1 所示。

表 3-1　兔子的对数

月份	1	2	3	4	5	6	7	8	…
大兔子数 / 对	0	1	1	2	3	5	8	13	…
小兔子数 / 对	1	0	1	1	2	3	5	8	…
总数 / 对	1	1	2	3	5	8	13	21	…

通过观察表 3-1，我们会发现一个规律，第一个月和第二个月的兔子都是 1 对，但是从第三个月开始，每个月的兔子总数是前面两个月的和，如图 3-7 所示。

根据递归算法的思想，要知道 n 个月的时候有多少对兔子，就只需要知道（$n-1$）和（$n-2$）个月的时候有多少对兔子。添加一个斐波那契数列的自定义模块，增加月份的参数 n，如图 3-8 所示。

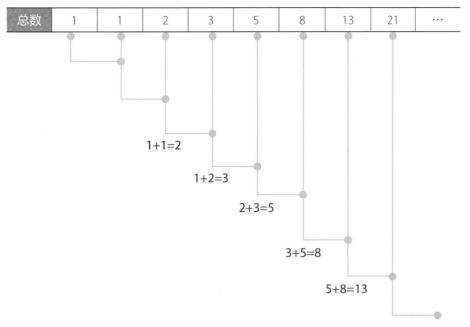

图 3-7　从第三个月开始，每个月的兔子总数是前面两个月的和

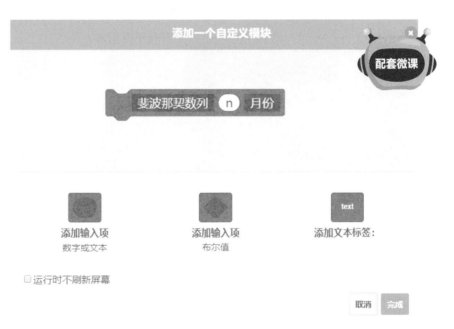

图 3-8　添加一个斐波那契数列的自定义模块

然后编写自定义模块程序的递归条件，如图 3-9 所示。

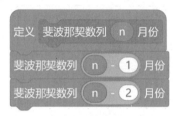

图 3-9 自定义模块程序的递归条件

递归条件还缺少一个基线条件，继续对程序进行完善，新建一个【兔子总数】变量，当 n=1 或者 n=2 的时候，该变量的值为 1，也就是说第一个月和第二个月的时候只有一对兔子。添加了基线条件的程序如图 3-10 所示。

图 3-10 添加了基线条件的程序

最后，用询问的方式来获取月份，并通过斐波那契数列自定义函数来计算该月份兔子的对数，如图 3-11 所示。

图 3-11 询问月份来计算该月份兔子的对数

因为程序会连续两次递归调用过程自身，所以会发生回溯，我们以月份为 5 的时候为例，来看看具体的回溯过程，如图 3-12 所示。

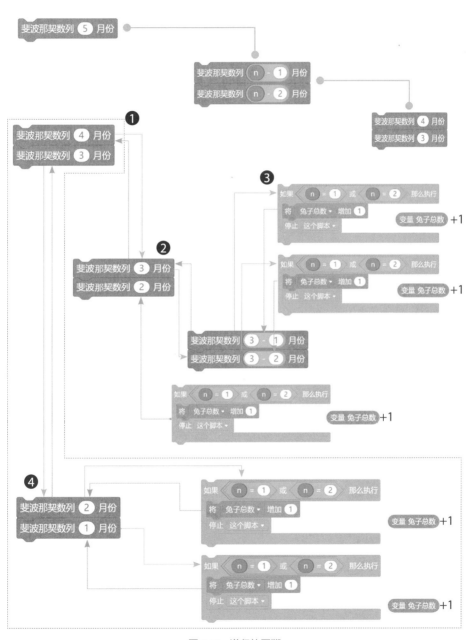

图 3-12　递归的回溯

整个过程需要我们使用入栈与出栈的思维来观察，经过回溯，到了 5 月的时候兔子总数为 5 对。

队列

队列是先进先出的形式，就像我们在看电影时排队购票一样，站在队列前面的先买到票，站在队列后面的后买到票，如图 3-13、图 3-14 所示。

图 3-13　看电影时排队购票

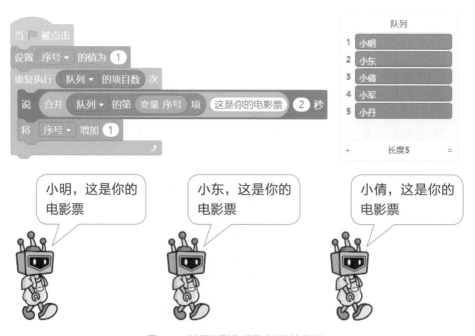

图 3-14　按照队列先后顺序买到电影票

第 4 章　穷举算法

知识点

1. 单层穷举算法
2. 多层穷举算法

　　最近有一位同学做了好事却没有留下姓名，学校知道后，想通过树立榜样对全校同学进行宣传教育，经过调查了解，这个做好事的同学可能是甲、乙、丙、丁四位同学中的一位，当老师问他们时，他们分别说了图 4-1 所示的话。

图 4-1　询问四位同学时得到的答案

已知这四位同学中，只有一位同学说的是事实，请问谁是做了好事儿没有留下姓名的同学？

思考时间

面对上面的问题，你的选择是什么呢？
请写出你的想法，然后再往下阅读。

这是一道逻辑思维的推理问题，解决的办法是根据题目中给出的各种已知条件，提炼出正确的逻辑关系，并将其转换为程序语言的逻辑表达式，然后利用计算机不知疲倦且高速的特点，对所有的可能性进行穷举验证，直到发现答案。

根据甲乙丙丁四位同学说的话，我们设置四个【条件】变量来记录每位同学的描述，变量类型为布尔值，当条件为真的时候值为 1，当条件为假的时候值为 0。

小知识

布尔值只有两种情况，要么为真，要么为假。在编程中，通常用 0 表示假，用 1 表示真。通过建立下面的积木，可以验证布尔值的情况。

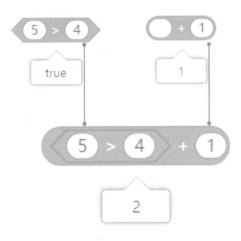

谁是"雷锋"

分别用 1、2、3、4 来表示四位同学。对于做好事不留名的同学，用变量【雷锋】来表示。设置条件如图 4-2~图 4-5 所示。

条件一　甲说："这件好事儿不是丙做的。"

设置 条件1 的值为 非 变量 雷锋 = 3

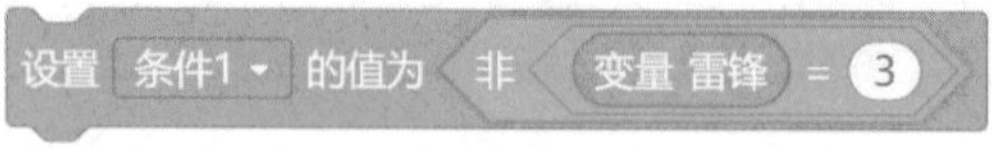

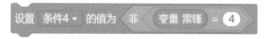

图 4-2　设置条件一

条件二　乙说："这件好事儿是丁做的。"

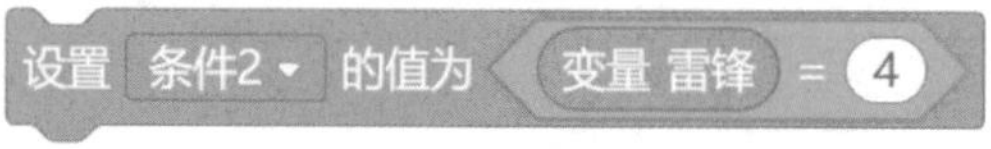

设置 条件2 的值为 变量 雷锋 = 4

图 4-3　设置条件二

条件三　丙说："这件好事儿是乙做的"。

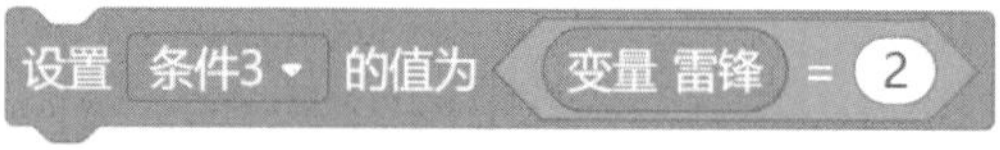

设置 条件3 的值为 变量 雷锋 = 2

图 4-4　设置条件三

条件四　丁说："这件好事儿不是我做的。"

设置 条件4 的值为 非 变量 雷锋 = 4

图 4-5　设置条件四

因为四位同学中，只有一位同学说的是事实，所以四个条件的布尔值相加和为 1 时，就是符合要求的情况。设置布尔值的总和，如图 4-6 所示。

如果 变量 条件1 + 变量 条件2 + 变量 条件3 + 变量 条件4 = 1 那么执行
说 变量 雷锋
否则
将 雷锋 增加 1

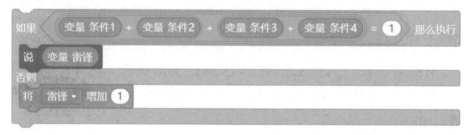

图 4-6　设置布尔值的总和

用计算机对每种情况进行穷举，直到发现符合条件的情况，四个条件的布尔值总和最多等于 4，所以设置了重复执行到变量【雷锋】的值大于或者等于 4。完整程序如图 4-7 所示。

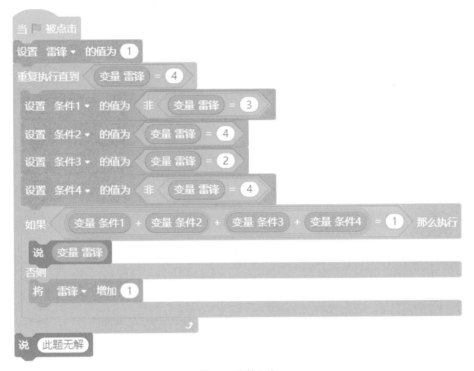

图 4-7　完整程序

点击绿旗，程序给出了答案，当【雷锋】的值是 3 的时候，满足所有条件。这样我们就找到了故事的真相，即丙是做好事不留名的"活雷锋"。

将所有的条件值相加：0+0+0+1=1，当【雷锋】的值是 3 的时候，满足所有条件。

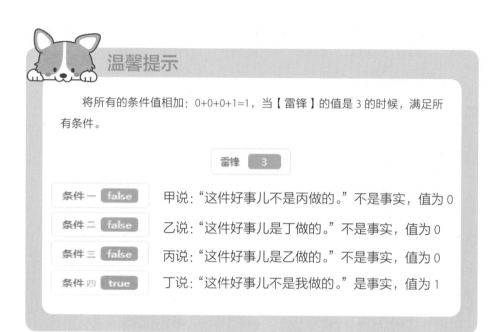

雷锋 **3**	
条件一 **false**	甲说："这件好事儿不是丙做的。"不是事实，值为 0
条件二 **false**	乙说："这件好事儿是丁做的。"不是事实，值为 0
条件三 **false**	丙说："这件好事儿是乙做的。"不是事实，值为 0
条件四 **true**	丁说："这件好事儿不是我做的。"是事实，值为 1

鸡兔同笼

再来看鸡兔同笼的问题，同样可以使用穷举法来解决。问题如下：今有若干只鸡和兔子关在一个笼子里，从上面数，有 35 个头；从下面数，有 94 只脚，问笼子里有多少只鸡和多少只兔子？

图 4-8　鸡兔同笼

先从题目中寻找条件，新增变量【鸡】和变量【兔】，然后根据条件让计算机进行穷举，发现答案。设置条件如图 4-9、图 4-10 所示。

条件一　从上面数，有 35 个头

图 4-9　设置条件一

条件二　从下面数，有 94 只脚

图 4-10　设置条件二

将条件和规则整理出来以后，剩下的事情就是数值输入到计算机，然后等待获取答案了。完整程序如图 4-11 所示。

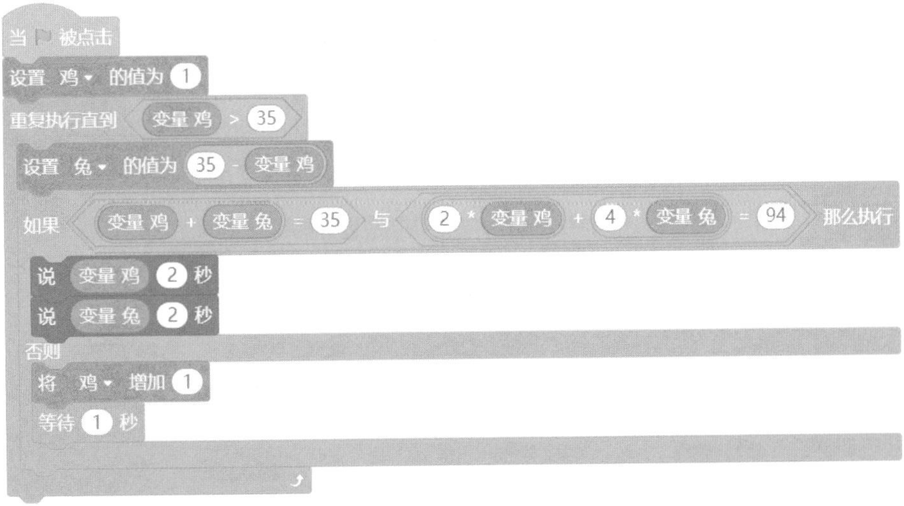

图 4-11　完整程序

多重内外循环

上面是两个变量的穷举，如果把难度加大，有三个变量呢？问题如下：假设公鸡的价格每只 5 元，母鸡的价格每只 3 元，小鸡的价格三只 1 元，如图 4-12 所示。如果用 100 元钱买 100 只鸡，那么请问公鸡、母鸡、小鸡各能买多少只？

图 4-12　鸡的价格

根据条件，分别建立变量【公鸡】、【母鸡】、【小鸡】，然后找寻题目中的条件规则。设置条件如图 4-13、图 4 14 所示。

条件一　一共要买 100 只

$$变量\ 公鸡 + 变量\ 母鸡 + 变量\ 小鸡 = 100$$

图 4-13　设置条件一

条件二　一共要买 100 元

$$变量\ 公鸡 * 5 + 变量\ 母鸡 * 3 + 1 / 3 * 变量\ 小鸡 = 100$$

图 4-14　设置条件二

将条件和规则整理出来以后，剩下的事情就可以交给计算机了。计算机通过穷举获取答案，如图 4-15 所示。

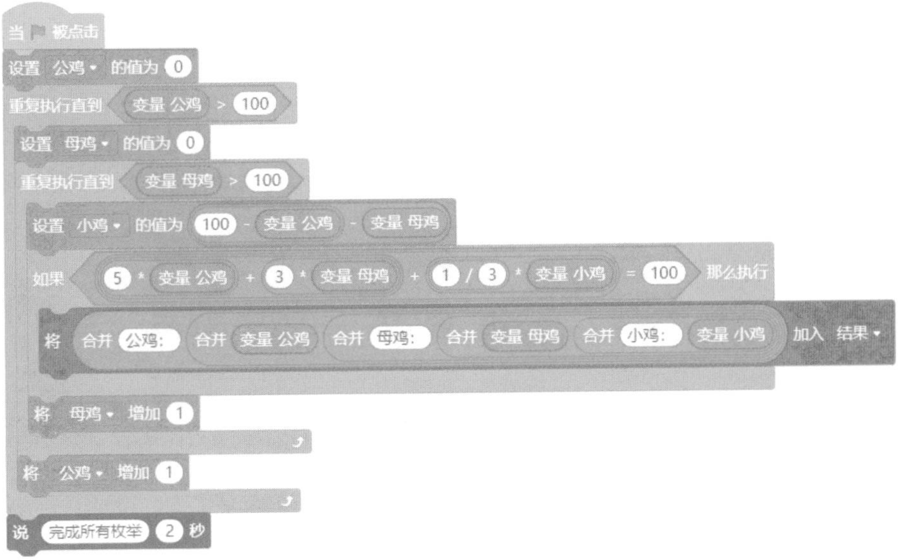

当 被点击
设置 公鸡 的值为 0
重复执行直到 变量 公鸡 > 100
设置 母鸡 的值为 0
重复执行直到 变量 母鸡 > 100
设置 小鸡 的值为 100 - 变量 公鸡 - 变量 母鸡
如果 5 * 变量 公鸡 + 3 * 变量 母鸡 + 1 / 3 * 变量 小鸡 = 100 那么执行
将 合并 公鸡: 合并 变量 公鸡 合并 母鸡: 合并 变量 母鸡 合并 小鸡: 变量 小鸡 加入 结果
将 母鸡 增加 1
将 公鸡 增加 1
说 完成所有枚举 2 秒

图 4-15　计算机通过穷举获取答案

需要注意的是，该程序有三层循环，如图 4-16 所示，第一层循环是公鸡数从 0 至 100，第二层循环为母鸡数从 0 至 100，第三层循环为小鸡数从 0 至 100，从变量值也能看出其间的变化。

公鸡 0
……
公鸡 100
母鸡 0
母鸡 1
……
母鸡 100
小鸡 0
小鸡 1
……
小鸡 99
小鸡 100
第一层循环
第二层循环
第三层循环

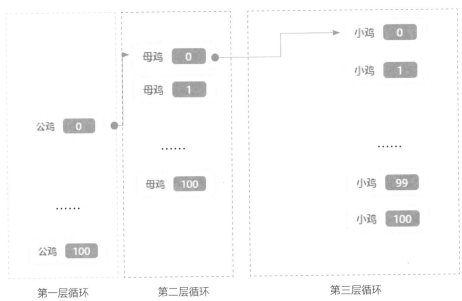

图 4-16　三层循环

当第一层循环完成 0 至 100 的循环后，第二层循环增加 1，当第二层循环完成 0 至 100 的循环后，第三层循环增加 1。观察穷举的三层循环，如图 4-17 所示。整个过程就像我们的手表，秒针完成 1 至 60 次的走动后，分针走动 1，而分针走动 1 至 60 次后，时针走动 1。

图 4-17 观察穷举的三层循环

最后，我们只需要将符合条件的答案逐一记录进列表，就穷举出了所有的答案，如图 4-18 所示。

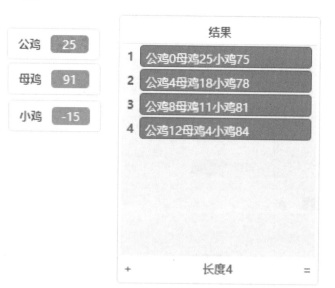

图 4-18 所有的答案

第 5 章　概率算法

知识点

1. 概率算法
2. 概率算法在生活中的运用

你关注过人工智能 AlphaGo 与世界围棋冠军柯洁的围棋大战（见图 5-1）吗？人类智慧再一次输给了人工智能。AlphaGo 在比赛中所下的每一步，都是依照最优的胜率去落子的。如果每一步的概率都能让胜率最大化，那么最终的结果也肯定会让胜率最大化。

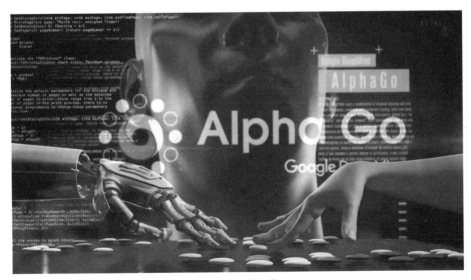

图 5-1　围棋大战

概率究竟有什么秘密呢？让我们来玩一个三门问题的游戏。三门问题也称为蒙提霍尔问题，在游戏中，你会看见三扇关闭的门，其中一扇的后面有一辆汽车，选中这扇门就可以赢得门后的汽车，另外两扇门后面则各藏有一只羊。

当你选定了一扇门，但未去开启它的时候，节目主持人会开启剩下两扇门的其中一扇，露出其中一只羊，这个时候主持人会问你要不要更换你的选择，换成另一扇仍然关闭的门，如图 5-2 所示。

图 5-2　三门问题

思考时间

面对上面的问题，你的选择是什么呢？
写出你的想法，然后再往下阅读。

让我们来分析一下，换另一扇门会不会增加你赢得汽车的概率呢？我们需要先分析此刻一共有几种情况。

第一种情况：汽车就在你一开始选的门后，此时不换门，你将赢得汽车，如图 5-3 所示。

图 5-3　第一种情况

第二种情况：汽车在第二扇门后，主持人会帮你开第三扇门（主持人会打开有羊的门）。此时如果你不换门，那么得到的是羊，如果换门，那么得到的是汽车，如图 5-4 所示。

图 5-4　第二种情况

第三种情况：汽车在第三扇门后，主持人会帮你开第二扇门，此时换门，也会得到汽车，如图 5-5 所示。

图 5-5　第三种情况

也就是说，当你选定一扇门后，一共就有以下几种可能，我们把上面的结果归纳到图 5-6 中。

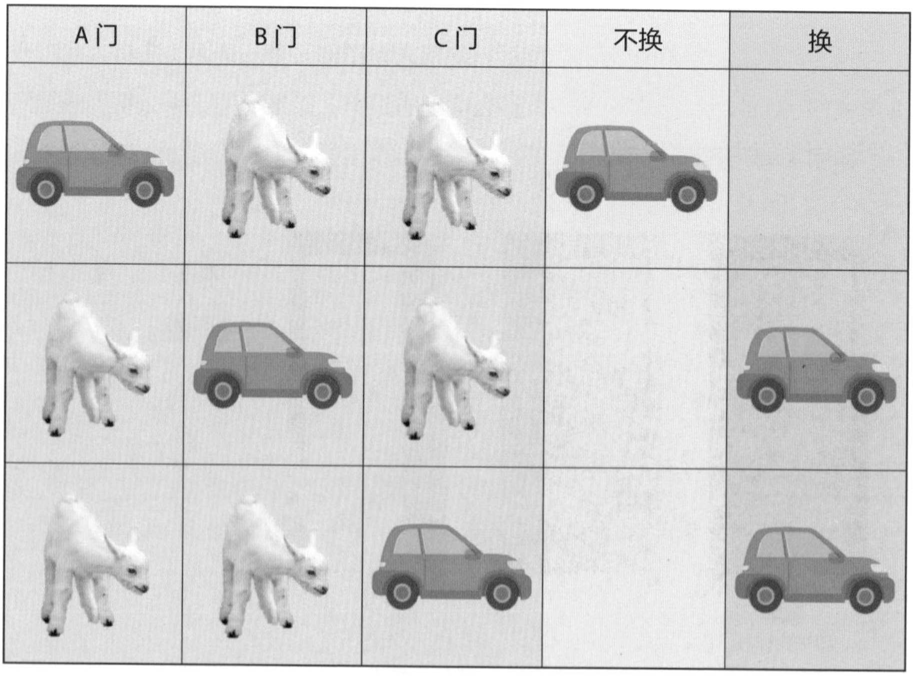

A门	B门	C门	不换	换
汽车	羊	羊	汽车	
羊	汽车	羊		汽车
羊	羊	汽车		汽车

图 5-6　情况列表

图 5-6 中我们列举了三门游戏中的所有可能，从统计结果来看，采用换门的做法是明智的，换门得到汽车的概率为 2/3，而不换门得到汽车的概率是 1/3。

让我们用程序模拟三门问题，用 1 万次随机测试，来验证我们的猜想是否正确。新建列表【奖品】，添加列表项如图 5-7 所示。

建立一个列表【随机门后奖品】用来模拟随机放置奖品在门后，如图 5-8 所示。方法是随机将【奖品】列表中的任意一项放入【随机门后奖品】第一项，然后进行判断。如果第一项放入的是"车"，那么剩下的两项则放入"羊"；如果第一项放入的是"羊"，则再次随机将奖品列表的任意一项放入【随机门后奖品】第二项，并再次进行判断，如果是"车"，那么第三项放入"羊"，如果是羊，则第三项放入"车"。

图 5-7 添加列表项

第 5 章 概率算法

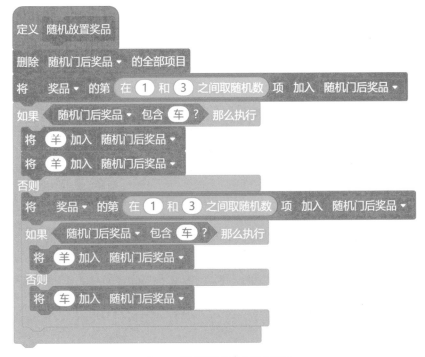

图 5-8 模拟随机放置奖品在门后

101

建立自定义模块【不换门】，用来模拟不换门的情况，因为采用的选择是不换门，所以直接判断是否选中，如果结果是选到车，那么就把选到车的变量增加1，程序如图 5-9 所示。

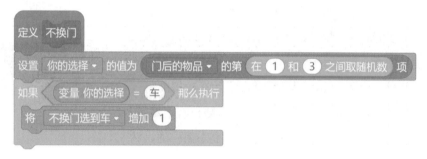

图 5-9　建立自定义模块【不换门】的程序

建立自定义模块【换门】，这里我们先把列表【随机门后奖品】复制一份，取名为【换门的列表】，在新的列表中随机选择一项后，展开换门的模拟。因为当前项会更换，所以将当前列表项删除，然后再删除主持人打开的门后为羊的选项，看看最后列表中剩下的列表项是否是车，如果是，则将【换门选到车】的值增加 1。程序如图 5-10 所示。

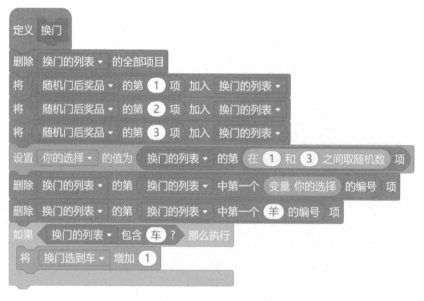

图 5-10　建立自定义模块【换门】的程序

我们对两个程序各测试 10000 次，并对两种选择的结果进行统计，如图 5-11
所示，看看结果如何。

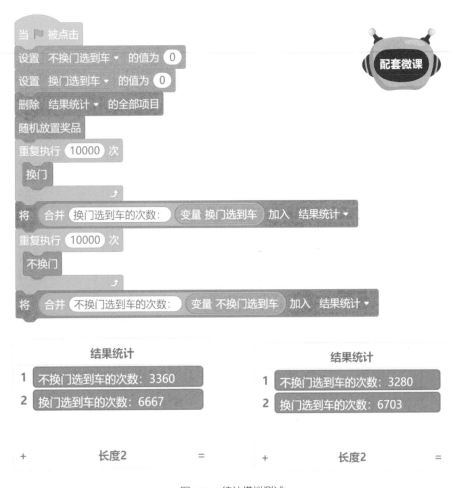

图 5-11　统计模拟测试

通过编写模拟测试，同样印证了换门得到车的概率远远超过不换门得到车的
概率。

最优停止概率

概率算法在生活中随处可见，你听说过最优停止的 37% 吗？

一天，苏格拉底带领几个弟子来到一块长满麦穗的田地边，对弟子们说："你们去麦地里摘一支最大的麦穗，只许进，不许退。"

第一个弟子走几步看见一支又大又漂亮的麦穗，高兴地摘下了。但是他继续前进时，发现前面有许多比他摘的那支大，只得遗憾地走完了全程。

第二个弟子吸取了教训。每当他要摘时，总是提醒自己，后面还有更好的。当他快到终点时才发现，机会全错过了。

第三个弟子吸取了前两位的教训．当他走到三分之一时，即分出大、中、小三类，再走三分之一时验证是否正确，等到最后三分之一时，他选择了属于大类中的一支美丽的麦穗。

在数学中，我们能够算出这个最优的停止点或者说选择点，那就是 37%。在上面的故事中，在 37% 的位置之后，如果发现比前面更好的麦穗，那么就应该果断下手。

人工智能篇

精彩Mind+掌控板创意编程

第6章　机器学习

知识点

1. 机器学习的原理
2. 监督学习
3. 无监督学习

人工智能（见图6-1）是研究用计算机模拟人类智力活动的理论和技术。

图6-1　人工智能

机器学习（见图 6-2）是实现人工智能的一种基本技术手段。随着机器学习技术的进步，曾经科学家们普遍认为人工智能难以胜任的领域，慢慢也被人工智能占领。最突飞猛进的技术，就是语音与图像识别。现在，语音识别技术与图像识别技术已经应用到各式各样的生活场景中。在语音识别方面，人工智能能够将文字信息转化为声音信息，能够识别声音命令，主动帮助人们打电话预约餐厅、预约医生；在图形识别领域，人工智能能够把手写的文字识别成文本，提取图片中的人物面部区域，识别各种植物，自动识别路面街道情况等。机器学习主要用于解决两个方面的问题：

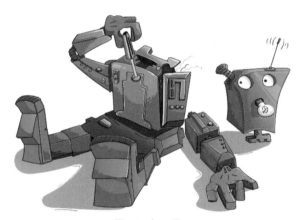

图 6-2　机器学习

1）通过对大量数据的学习，预测结果。

2）对大量的数据进行识别和分类。

最关键的是，预测与分类的具体方法不是由程序员事先设定的，而是由计算机在大量的数据中，自动提取特征，从而解决问题的。

为什么机器学习在今天发展如此迅猛呢？主要有四个方面的原因：

1）丰富的学习数据。在互联网时代，我们可以很方便地获取大量计算机可以直接处理的数据。

2）便宜的数据存储条件。随着存储设备的普及，大容量的数据存储变得轻而易举。

3）计算机的处理能力空前强大。随着计算机技术的进一步发展，特别是量子计算机的加入，数据的处理速度将变得更快。

4）机器学习的应用场景更加面向生活。生活场景的应用加速了技术的成熟与进步。

那么机器是如何进行学习的呢？

机器学习的方式和我们人类的学习非常类似，回忆一下我们小时候认识事物的过程，老师教我们认识各种动物时，指着照片告诉我们，这是老虎，这是狮子，这是兔子……这种告诉我们"名称"的学习方式叫作监督学习。对于老师们没有告诉名称的动物，小朋友们自己看见后虽然不知道动物的具体名称，但是也会将动物们进行简单分类，如水里游的，天上飞的，地上跑的……这种不告诉"名称"的学习叫作无监督学习。

监督学习

回忆一下我们认识动物老虎的过程，可以在动物园观察老虎，可以观看电视节目动物世界，还可以阅读画册……经过多种形式的观察，最后我们认识了老虎这种动物。这些观察老虎的内容，用计算机语言来描述，就是数据，在观察的过程中，老虎的名字就是该动物的标签。机器也需要通过大量的数据来进行学习，比如我们要让机器通过学习认识老虎这种动物，那么就需要给机器大量老虎的图片，并告诉机器：这些是老虎（标签），如图 6-3 所示。

图 6-3　学习过程

机器学习以后，就能够对新的图片进行预测和判断，如图 6-4 所示。

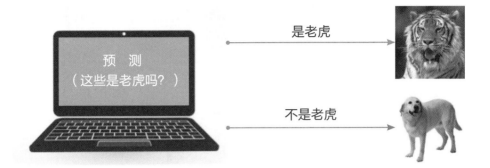

图 6-4　预测和判断

无监督学习

和监督学习一样，想让机器认识动物，同样需要给机器大量的动物图片（数据），但是不同的是，人们不会告诉计算机这是什么。计算机要做的事情是根据图片中的相似点，自行对图片进行分类。因为没有指定标准，计算机在分类的时候，会自己寻找相似点，所以分出的类会各不相同，比如按颜色分，按是否有脚分，按体型大小分……如图 6-5 所示。甚至有些时候，你都不知道机器是采用什么标准来分类的。

监督学习和无监督学习的区别是，输入到计算机中的数据是否带有标签。监督学习在输入数据的同时，会输入对应的标签，无监督学习在输入数据的同时，没有输入对应的标签。所以相对而言，监督学习会让计算机"学"得更好，分类的时候更加准确。无监督学习的分类效果没有监督学习的分类效果好，但是也有优点，那就是消耗的资源少，因为给每个数据都添加标签需要耗费大量的人力、物力和财力。

（是否有脚）

图 6-5　无监督学习的分类

第 7 章　人工智能之语音识别

知识点

1. 语音合成的原理
2. 语音识别的原理
3. 语音识别的运用

　　机器是怎么发出声音的呢？有两种方法，第一种方法是把人类的声音录下来，当需要的时候再播放出来。爱迪生发明的留声机，将声能转化为金属针振动的能量，并利用金属针将声音的波形图（见图 7-1）刻在包有锡箔纸的蜡筒上，当录制完毕需要回放时，金属针就会沿着蜡筒上的刻痕重新运行，声音就会从喇叭播放出来。现在的计算机则是通过拾音设备将声音捕捉下来，转化为波形图进

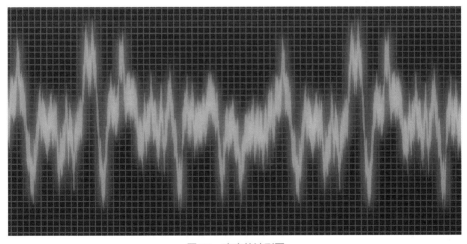

图 7-1　声音的波形图

行存储，最后再用波形图将声音还原出来，于是就播放出声音了，电影、电视、收音机都采用这种方式。

第二种方法，就是人工智能中的语音合成技术，和前面的方法不同，语音合成技术不需要对声音进行录制，它是通过机械的、电子的方法产生人造语音的技术。

以汉语来说，机器使用的语音合成技术与我们读生字的方式非常接近，也是靠"拼音"来完成。让我们来看一下如何读出图 7-2 所示这个字。

图 7-2　文字拼音

通过查字典，我们得知上面这个字拼音是 gā，这个时候你怎么读它呢？首先发出声母的音 g，然后再发出韵母的音 ā，最后将声母的音与韵母的音结合起来，读出这个字的读音。机器也是这么做的，通过声母发声器发出声母的音，用韵母发声器发出韵母的音，最后通过语音合成器，将声母、韵母的音进行合成。

机器还会结合语境、环境等多种因素，让机器的发音接近人类的发音，实现真实的机器开口说话。图 7-3 所示为语音合成机器人。

图 7-3　语音合成机器人

接下来，我们运用人工智能的语音合成技术，来制作一个离线语音程序，将掌控板与 Gravity 语音合成模块的硬件进行连接，硬件列表如图 7-4 所示。

配套微课

掌控板 ×1

扩展板 ×1

语音合成模块 ×1

图 7-4　硬件列表

小知识

Gravity 语音合成模块

中英文语音合成模块的特点是：

1）支持中文、英文和中英文混合合成。

2）自带喇叭。

3）兼容 arduino 系列主控板、micro:bit 板、掌控板等。

4）无须联网。

5）支持 Mind+ 图形化编程。

6）Gravity I2C/UART 双通信。

7）支持多种文本控制标识。

人工智能语音合成模块

　　语音合成模块初始化积木

　　需要合成的中英文文字内容

　　如果使用到大量的文字播放，可调用"使用 flash 存储"功能将文字存储于 flash 以减少对内存的占用

设置播放的音量、语速、语调并选择发音人的音色。音量的范围值为 1~10。

将硬件按照如图 7-5 所示的方法进行连接。

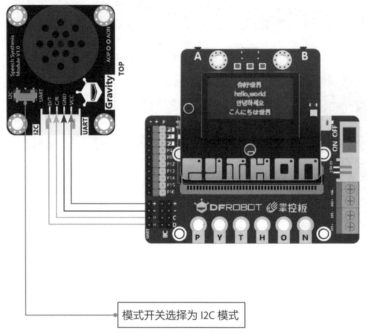

图 7-5　硬件连接方法

硬件连接好以后，进入 Mind+ 的扩展模块，在用户库中输入关键词【语音合成】，就能看见 Gravity 语音合成模块，加载该模块，如图 7-6 所示。

图 7-6　加载语音合成模块

返回到上传模式后，编写如图 7-7 所示的上传程序，将程序上传到掌控板后，这段文字笑话就能用语音播讲出来了。

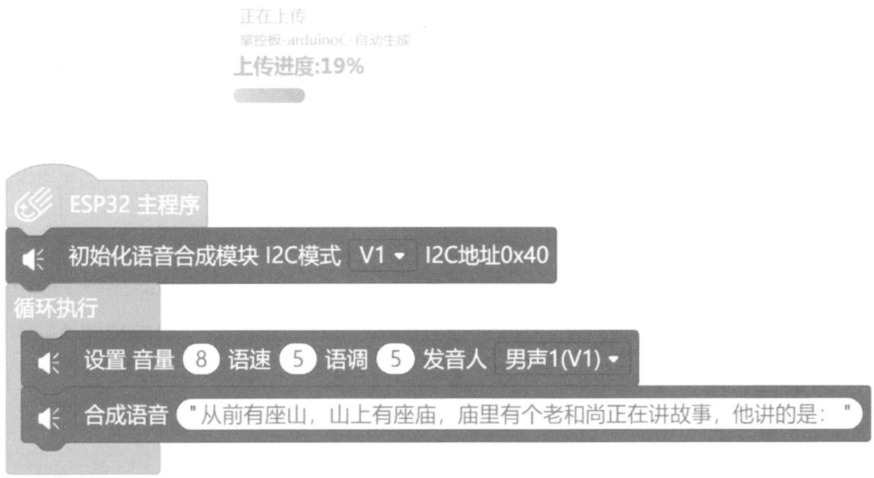

正在上传
掌控板·arduinoC·自动生成
上传进度:19%

初始化语音合成模块 I2C模式 V1 ▼ I2C地址0x40

循环执行

设置 音量 8 语速 5 语调 5 发音人 男声1(V1) ▼

合成语音 " 从前有座山，山上有座庙，庙里有个老和尚正在讲故事，他讲的是： "

图 7-7　上传程序

小知识

语速、语调、音色

不同的语速、语调给人的感受是不同的。比如需要输出的内容比较抒情，那么语速就可以稍微慢一些。如果输出内容比较活泼，那么语速就可以稍微快一些。在语音合成领域，机器通过大量的学习后，表现效果与真人的声音相差无几。

人工智能除了可以完成语音合成外，还能够识别语音，在 Mind+ 中可以通过 I2C 语音识别模块来完成语音识别。

在运用前，我们先思考一个问题：机器是怎样拥有听觉，并听懂人类的语言的呢？首先，机器会检测麦克风里传来的声音信息，然后利用语音识别技术将检测到的语音信息转化为字母或者文字，再让机器去理解这些字母、文字，最终机器就能听懂人类的语言了。

语音识别根据识别对象，一般来说有三种分类，分别是单个词识别、关键词识别和连续语音识别。单个词识别是识别已经知道的词，比如我们唤醒智能音响时，说"小度""小爱同学"，再比如下面例子中用的"开灯""关灯"指令，使用的就是单个词识别。关键词识别是识别一段话中的关键词，比如我们希望智能音响播放笑话有多种表达方法，如：①请给我播放笑话；②播放一段最搞笑的笑话。尽管句子的内容不同，但是关键词都是"笑话"，于是智能音响就会做出正确的响应，播放笑话。第三种是连续语音识别，人工智能语音助手帮助人们打电话预约餐馆、预约医生，采用的就是连续语音识别。

小知识

I2C 语音识别模块

I2C 语音识别模块是一款使用 Gravity 接口、针对中文进行识别的模块。该模块采用由 ICRoute 公司设计的 LD3320 "语音识别"芯片，只需要在程序中设定好要识别的关键词列表，下载进主控的 MCU 中，语音识别模块就可以对用户说出的关键词进行识别，并根据程序进行相应的处理。该模块不需要用户事先训练和录音就可以完成非特定人的语音识别，识别准确率高达 95%。

语音控制灯

让我们结合上面讲到的语音合成技术和语音识别技术，来制作一个人工智能的语音控制灯光系统吧。

按如图 7-8 所示硬件列表准备硬件。

配套微课

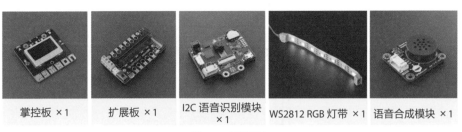

| 掌控板 ×1 | 扩展板 ×1 | I2C 语音识别模块 ×1 | WS2812 RGB 灯带 ×1 | 语音合成模块 ×1 |

图 7-8　硬件列表

进入 Mind+ 扩展面板，在用户库选项中输入【语音识别】，加载 I2C 语音识别模块，如图 7-9 所示。

图 7-9　加载 I2C 语音识别模块

选择显示器选项，加载 WS2812 RGB 灯带模块，如图 7-10 所示。

图 7-10　加载 WS2812 RGB 灯带模块

将硬件按如图 7-11 所示方法进行连接。

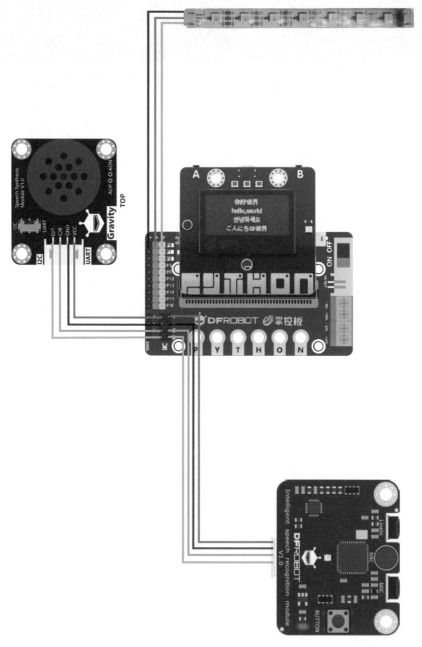

图 7-11　硬件连接方法

程序编写

首先，新建三个变量【灯光是否打开】、【开关灯命令】、【颜色选择命令】，其中【灯光是否打开】变量用于记录灯光的当前状态，另外两个变量用来存储灯光的开关以及颜色命令，接下来将语音合成模块、语音识别模块以及 RGB 灯进行初始化设置，初始化程序如图 7-12 所示。

图 7-12　初始化程序

然后通过灯光是否开启的状态来完成语音提示与识别，完成灯光的开关、切换命令。完整程序如图 7-13 所示。

通过语音识别、语音合成命令，我们打造了一个可以调节的灯光系统，读者朋友还可以自行添加更多的命令，比如更多的颜色控制、走马灯式的灯光效果以及调节灯光的强弱等。

ESP32 主程序

初始化语音合成模块 I2C模式 V1 ▾ I2C地址0x40

设置 音量 8 语速 5 语调 5 发音人 男声1(V1) ▾

合成语音 "您好，智能灯光为您服务！"

设置 灯光是否打开 ▾ 的值为 0

语音识别模块 初始化 识别模式为 循环模式 ▾ 麦克风模式为 默认 ▾ I2C地址为0x4F

添加关键词 "kai deng" 编号为 0

添加关键词 "guan deng" 编号为 1

添加关键词 "hong se" 编号为 2

添加关键词 "lan se" 编号为 3

初始化 RGB灯 引脚 P0 ▾ 灯总数 7

RGB灯 设置引脚 P0 ▾ 灯带亮度为 255

屏幕显示文字 "灯光系统初始化完成" 在第 1 ▾ 行

设置完成 开始识别

循环执行
　设置 开关灯命令 ▾ 的值为 识别一次语音，获取编号
　如果 变量 开关灯命令 = 0 那么执行
　　合成语音 "请问，需要什么颜色的灯光"
　　RGB灯 引脚 P0 ▾ 全部熄灭
　　重复执行直到 变量 灯光是否打开 = 1
　　　设置 颜色选择 ▾ 的值为 识别一次语音，获取编号
　　　如果 变量 颜色选择 = 2 那么执行
　　　　RGB灯 引脚 P0 ▾ 灯号 0 到 7 显示颜色 ⬤
　　　否则
　　　如果 变量 颜色选择 = 3 那么执行
　　　　RGB灯 引脚 P0 ▾ 灯号 0 到 7 显示颜色 ⬤
　　　否则 ⊖
　　　　如果 变量 颜色选择 = 1 那么执行
　　　　　设置 灯光是否打开 ▾ 的值为 1
　　　　　设置 开关灯命令 ▾ 的值为 1
　　　⊕
　如果 变量 开关灯命令 = 1 那么执行
　　RGB灯 引脚 P0 ▾ 全部熄灭

图 7-13　完整程序

第 8 章 　 KNN 算法

知识点

1. KNN 算法的原理
2. KNN 算法的运用

KNN 算法的原理

如图 8-1 所示，加载功能模块中的【机器学习（ML5）】模块，进一步了解机器学习算法。

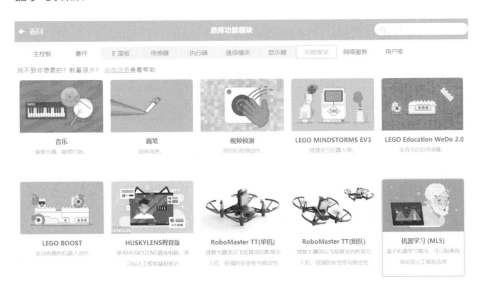

图 8-1　加载【机器学习（ML5）】模块

机器学习（ML5）模块最强大的功能是 KNN 分类功能，通过 KNN 算法，可以学习各种物体，然后在分类识别时逐一比较确认物体的分类，实现各种意想不到的功能，且此功能不用连接网络，只需要一个摄像头即可实现。

什么是 KNN 算法呢？ KNN 算法就是 K- 近邻算法，也称为 K 最邻近算法。

来玩一个猜水果的游戏，请问如图 8-2 所示的水果是柚子还是橙子？

图 8-2　水果

当我们的大脑思考这样的问题时，我们的潜意识会构建一个类似于图 8-3 所示的分析图。因为柚子一般个头更大一些，颜色更多倾向于黄色，而橙子个头相对小一些，颜色偏橙一些。所以我们会认为图 8-2 所示的水果属于柚子。

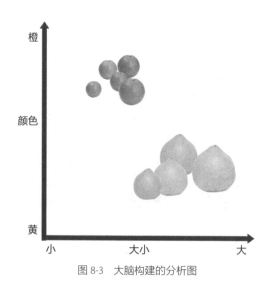

图 8-3　大脑构建的分析图

机器学习也采用了类似的做法。假设现在我们给出一个从未见过的神秘水果 A，人工智能在面对从未见过的神秘水果 A 时，也不知道水果 A 究竟属于哪种类型，但是会根据对水果 A 的 KNN 分析，如图 8-4 所示，计算出水果 A 在分析图中的位置，并尝试将水果 A 与它最近的邻居相连，看看会发生什么。

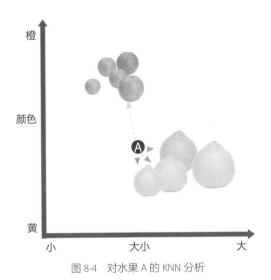

图 8-4　对水果 A 的 KNN 分析

在水果 A 的邻居中，相对而言，柚子邻居比橙子邻居更多也更近，所以机器认为这个神秘水果更可能是柚子。

再来试试图 8-5 所示的神秘水果 B，它的头上竟然长着小鼓包，假设对水果 B 也采用 KNN 分析，又会是什么情况呢？

图 8-5　水果 B

人工智能经过特征学习后，也会给出类似的分析图，如图 8-6 所示，在水果 B 的邻居中，无论从数量还是从距离来看，柚子和橙子都差不多，所以只能给出一个概率。如果我们在此时对机器学习进行监督，告诉机器这是一种新的品种，叫作丑柑，那么机器随着学习数据的增多，在今后也能够准确地分辨出水果 B 了。水果 B 是丑柑（见图 8-7），它是橙子与柚子的杂交品种，是两种水果优势的结合。

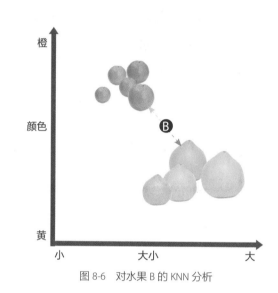

图 8-6　对水果 B 的 KNN 分析

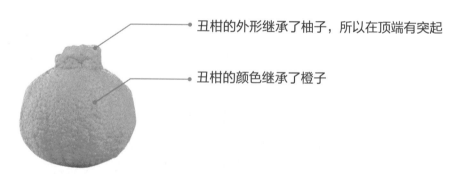

丑柑的外形继承了柚子，所以在顶端有突起

丑柑的颜色继承了橙子

图 8-7　丑柑

下面让我们进入 Mind+ 中，来认识和掌握机器学习吧。进入扩展模块，加载功能模块中的【机器学习（ML5）】模块，如图 8-8 所示。

图 8-8　加载【机器学习（ML5）】模块

KNN 算法的应用

【机器学习（ML5）】模块中主要包括以下程序积木。

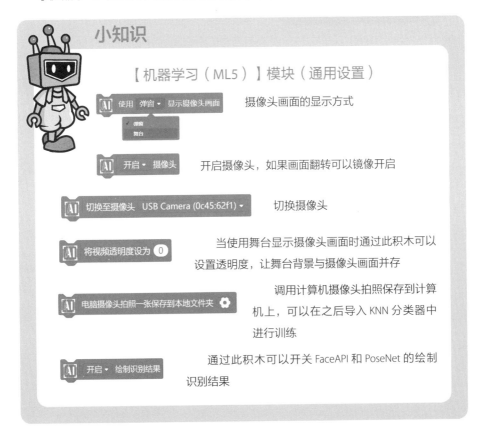

125

【机器学习（ML5）】模块（KNN 分类）

初始化KNN分类器
初始化 KNN 分类器，加载模型，清除已经训练后的数据，进行训练前需要先执行此模块，注意不用多次执行此模块

KNN将摄像头画面分类为 tag1
用计算机摄像头拍照片并加入分类。同一种类别的图片加入同一个分类，不同类别的图片加入不同的分类

KNN将本地文件夹图片 ⚙ 分类为 tag1
从计算机文件夹中一次加载多张图片到名称为 tag1 的分类中

KNN开始分类训练
将所有分类中的图片使用 KNN 模型进行训练生成模型

KNN 开始 ▾ 识别摄像头画面分类
模型训练完成之后可以通过此积木进行连续识别。注意需要先训练再识别，添加图片需要先调用此积木停止识别

KNN识别分类结果
获取识别结果。注意 KNN 算法中，未学习的图片会返回最像的那一个结果，即使相似度只有 1%，因此建议可以先学习背景以便去除干扰

KNN清除标签 tag1
清除标签为 tag1 的分类中的所有图片

KNN清除分类模型数据
清除整个分类器中的所有数据

KNN从 ⚙ 加载计算机端分类模型
从计算机加载之前导出的模型，加载完成之后无须训练，可以直接初始化然后开始识别

KNN保存分类模型
将当前训练好的模型导出到计算机存储，方便后续直接使用，无须训练，点击之后弹出文件路径选择框，选择路径即可保存。注意只有模型已经训练好才能导出

下面我们来编写程序。首先初始化程序，如图 8-9 所示。

图 8-9　初始化程序

接下来我们让机器对背景、刀具、电池、胶棒进行分类训练学习，通过设置不同的按键，可以在后续的学习中增加学习数据，如图 8-10 所示。

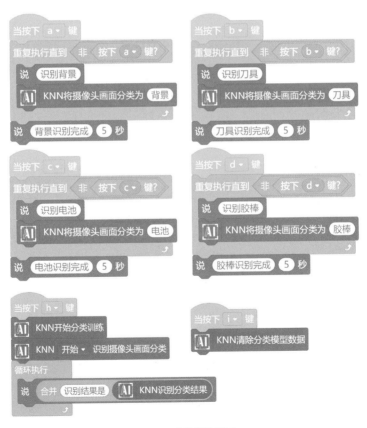

图 8-10　分类训练学习

127

设置 h 键按下的时候，显示识别结果；按下 i 键的时候，清除分类模型数据。

为了提高机器学习的准确率，将摄像头用支架稳定好，将光线调整到相对稳定，背景尽量采用纯色并且与需要识别的物体区分较好的色彩，如纯白的背景，如图 8-11 所示。

按下 a 键，让机器对背景进行学习，然后依次按下不同的键，让机器进行不同的学习。在学习刀具时，我们刻意准备了两种刀具：小刀和剪刀。

图 8-11　机器学习场景

在机器学习完毕后，按下 h 键，将物品移动到摄像头下，观察识别结果，如图 8-12 所示。试着把剪刀的状态切换成张开的状态，机器仍然可以正确识别。

这种学习，采用的就是之前介绍过的监督学习，监督学习是在机器学习中使用频率最高的方法，先告诉机器正确的答案，然后让人工智能自动学习规则和模式。在上面的例子中，我们先告诉人工智能将要学习的类别，如刀具类、胶棒类、电池类，然后让人工智能分别去学习，最后检查学习结果。

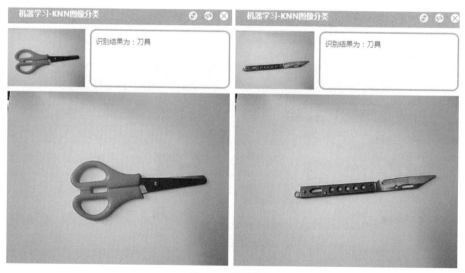

图 8-12　识别结果

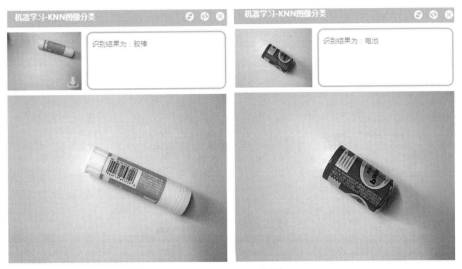

图 8-12　识别结果（续）

通常，有两种模式可以生成监督数据。第一种模式是我们知道正确答案，就像上面的例子一样，我们知道物品的正确答案。另一种模式是数据中本来带有答案，即使我们自己并不知道答案，但是也可以生成监督学习的数据。比如图 8-13 所示照片，你能看出这是什么地方吗？

图 8-13　雾中小船

相信如果只看照片，很难把这张照片的拍摄地点说出来吧，但是照片本身的数据中却记录着照片的详细信息。右键选择图片属性，进入详细信息界面，如图 8-14 所示，我们除了可以看见照片拍摄的像素、分辨率、拍摄的手机型号外，还能看见 GPS 经纬度的数据。

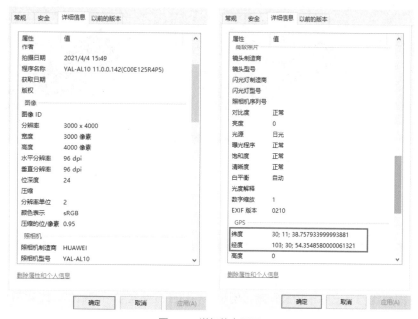

图 8-14　详细信息界面

照片中的经纬度数据，是以度分秒的格式表示的（度分秒之间以"；"间隔），为了方便定位，我们需要将度分秒转换为度的格式。

纬度是：30；11；38.75793399，计算方法为 30+（11+38.75793399/60）/60=30.1941。

经度是：103；30；54.35485800，计算方法为 103+（30+54.35485800/60）/60=103.5151。

将以上经纬度数据填入 GPS 定位系统，如图 8-15 所示，就可以精确地定位到该照片的拍摄地点，原来这张照片拍摄于眉山洪雅的槽渔滩风景区。

图 8-15　通过经纬度数据查询出拍摄地点

在智能手机中，照片能够按照拍摄地点进行分类存放，如图 8-16 所示，其实就是机器通过对经纬度数据进行了学习后做到的。

图 8-16　照片按照拍摄地点进行分类存放

第 9 章　人脸识别与追踪

知识点

1. 人脸识别

2. 人脸与姿势追踪

摄像头在检测到人脸以后，人工智能会持续捕捉人脸的位置及其大小（见图 9-1 ）等信息，这其中使用了人脸识别与追踪技术。

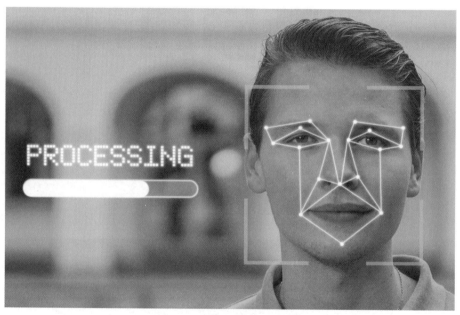

图 9-1　捕捉人脸的位置及其大小

人脸识别

人脸识别是基于人的面部特征信息进行身份识别的一种生物识别技术。使用摄像头或者摄像机采集人脸的图像信息，然后对检测到的人脸进行一系列的分析。一般来说包含 4 个步骤。

步骤 1：人脸检测。在图像中寻找人脸信息，通常会用方框标识人脸，如图 9-2 所示。

图 9-2　用方框标示人脸

步骤 2：人脸对齐。通过定位人脸上的关键特征点，识别不同角度的人脸，如图 9-3 所示。

图 9-3　识别不同角度的人脸

步骤 3：人脸编码。将人脸的信息转换为计算机可以理解的数字信息，如图 9-4 所示方便之后的调取。

图 9-4　将人脸的信息转换为数字信息

随着机器的深度学习，人脸识别技术在今天取得了突飞猛进的进步，在人工智能的帮助下，我们甚至可以惟妙惟肖地复原古代人物的肖像，如图 9-5 所示。

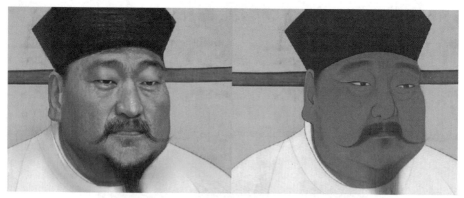

图 9-5　复原古代人物的肖像（图片引用自博主 @ 大谷 Spitzer 的作品）

步骤4：人脸追踪。要追踪图像中的人脸，首先要识别人脸，从中找出人脸并输出人脸的数目、位置及其大小等有效信息。其次是追踪人脸，就是在检测到人脸的前提下，在后续帧中持续捕捉人脸的位置及其大小等信息。图9-6所示为利用FaceAI感受脸部追踪换脸。

图9-6 利用FaceAI感受脸部追踪换脸

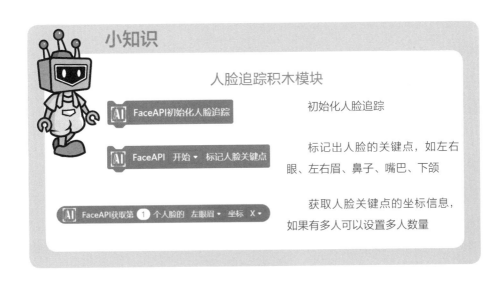

小知识

人脸追踪积木模块

FaceAPI初始化人脸追踪　　　　初始化人脸追踪

FaceAPI 开始▼ 标记人脸关键点　　　　标记出人脸的关键点，如左右眼、左右眉、鼻子、嘴巴、下颌

FaceAPI获取第 ① 个人脸的 左眼眉▼ 坐标 X▼　　　　获取人脸关键点的坐标信息，如果有多人可以设置多人数量

初始化人脸追踪与标记人脸关键点，程序如图 9-7 所示。

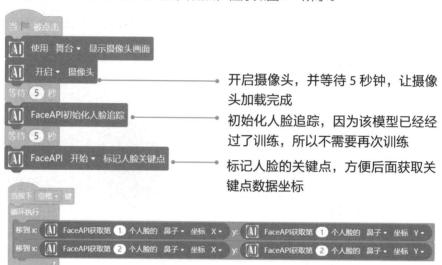

开启摄像头，并等待 5 秒钟，让摄像头加载完成

初始化人脸追踪，因为该模型已经经过了训练，所以不需要再次训练

标记人脸的关键点，方便后面获取关键点数据坐标

图 9-7　初始化人脸追踪与标记人脸关键点的程序

　　然后需要持续地将面具图片与脸部的运动始终保持一致。使用怎样的面具可以根据自己的需求，通过自带的绘画功能或者其他图像处理软件来实现。如果要模拟镜片的半透明效果，将面具图片的镜片处设置适当的透明度即可，如图 9-8 所示。

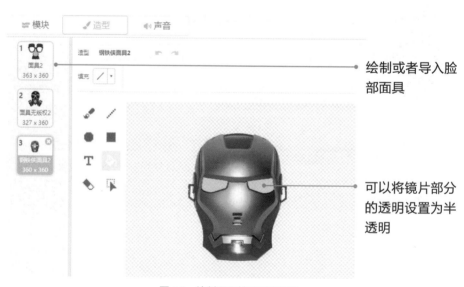

绘制或者导入脸部面具

可以将镜片部分的透明设置为半透明

图 9-8　绘制面具并设置透明度

按下空格键后，程序将循环检测和追踪人脸中鼻子的 X 和 Y 坐标，我们将面具同步到该坐标，于是随着人物脸部的移动，面具也会跟着移动。如图 9-9 所示，人脸追踪支持多种模式。

图 9-9　人脸追踪

姿态追踪

运用计算机视觉技术，可以对图像和视频中的人形姿态进行追踪，通过追踪人体关键点的位置来实现，如图 9-10 所示。

图 9-10　追踪人体关键点的位置

隔空点燃蜡烛

下面我们进行一个魔法表演，舞台中有一支熄灭的蜡烛，当摄像头拍摄到我们的手，接触到蜡烛的灯芯的时候，就能隔空点燃舞台上的蜡烛，使之燃烧起来，如图 9-11 所示。

图 9-11　隔空点燃蜡烛

这是通过如图 9-12 所示的程序实现的。

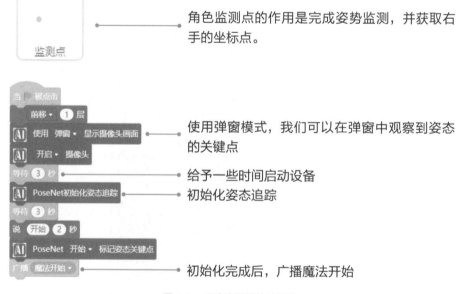

角色监测点的作用是完成姿势监测，并获取右手的坐标点。

使用弹窗模式，我们可以在弹窗中观察到姿态的关键点

给予一些时间启动设备

初始化姿态追踪

初始化完成后，广播魔法开始

图 9-12　隔空点燃蜡烛的程序

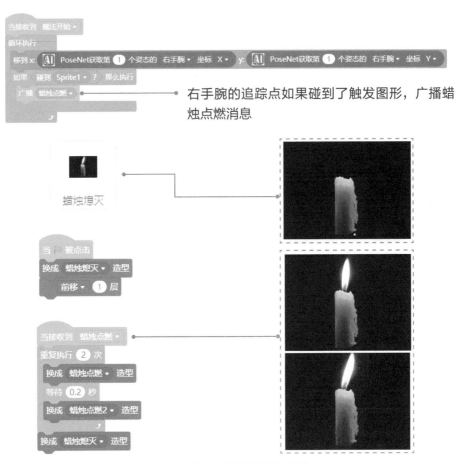

右手腕的追踪点如果碰到了触发图形，广播蜡
烛点燃消息

图 9-12　隔空点燃蜡烛的程序（续）

　蜡烛角色造型最初是熄灭的形式，触发广播后切换到燃烧的造型，通过两个
不同火苗的造型的切换，模拟蜡烛火焰摆动的造型。

　　触发图形隐藏在蜡烛的灯芯区域，当监测点进入该区域，则完成触发广播，
切换到燃烧火苗的图层，如图 9-13 所示。

图 9-13　切换图层

第 10 章　人工智能摄像头

知识点

1. 人工智能摄像头的使用
2. 人工智能摄像头的运用

　　家里的老年人，随着年龄的增大，记忆力明显减退，有时候就算碰到认识的人也往往叫不上名字，有的老年人因为患病，甚至连家里孩子都不认识了，这着实让人心疼。

图 10-1　让人心疼的老年人

面对记忆力减退或消失的老年人，怎样能帮助到他们呢？如果我们给他们制作一顶能够识别人脸的帽子，帽子集成了人脸识别系统，这样当他们想不起来对面的人是谁的时候，只需要轻触按钮，帽子里的摄像头就会对面前的人脸进行识别，然后通过小喇叭告诉他们对方是谁。相信这样一顶充满了爱心的帽子，承载了儿女们深深的关怀与孝心，一定会给老年人的生活带来帮助。设计效果图如图 10-2 所示。

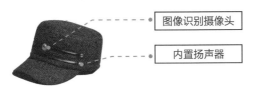

图 10-2 设计效果图

二哈识图

二哈识图（HUSKYLENS）是一款简单易用的人工智能摄像头（视觉传感器），内置 6 种功能：人脸识别、物体追踪、巡线追踪、颜色识别、标签识别、物体识别。仅需一个按键即可完成人工智能训练，摆脱烦琐的训练和复杂的视觉算法，让我们更加专注于项目的构思和实现。二哈识图人工智能摄像头如图 10-3 所示。

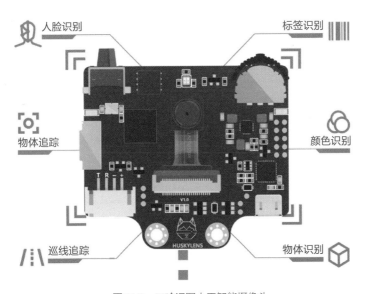

图 10-3 二哈识图人工智能摄像头

我们先来认识一下二哈识图以及它的基础用法。二哈识图人工智能摄像头的结构如图 10-4 所示。

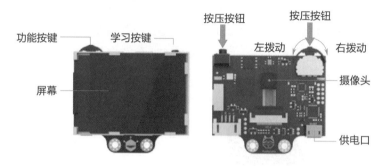

图 10-4　二哈识图人工智能摄像头的结构

如图 10-5 所示，将 USB 供电线连接到二哈识图自带的独立 USB 供电口上，二哈识图就会自动开机。

拨动"功能按键"，直到屏幕顶部显示"人脸识别"。选择"人脸识别"，如图 10-6 所示。

图 10-5　二哈识图的连接方法

图 10-6　选择"人脸识别"

将二哈识图对准人脸，屏幕上就会出现白色框，自动框选出检测到的所有人脸，在每个框上还会显示出"人脸"这两个字，如图 10-7 所示。

图 10-7　检测人脸

　　将二哈识图屏幕中央的"+"字对准需要学习的人脸，短按学习按键，完成学习。接下来，如果识别到同样的脸，则屏幕上会出现一个蓝色框并显示"人脸：ID1"，如图 10-8 所示。

短按学习按键

图 10-8　人脸学习

　　人脸学习完成以后，摄像头即使同时捕捉到多张人脸，也能识别出已经学习过的人脸，如图 10-9 所示。

识别出已经学习过的人脸

图 10-9　识别结果

长按学习按键不松开，可以多角度录入人脸。如果屏幕中央没有"+"字，说明二哈识图在该功能下已经学习过了。

此时短按学习按键，屏幕提示"再按一次遗忘！"。在倒计时结束前，再次短按学习按键，即可删除上次学习的东西。

在人脸识别模式，长按可拨动轮盘，进入人脸识别模式的二级设置界面，选择【学习多个】，然后将滑块向右拨动，保存设置以后，就可以实现多人学习。

亲人识别系统

现在就让我们使用人脸识别技术，结合已经学习过的语音合成技术，来打造一个送给记忆力减退或消失的老年人的亲人识别系统吧。

按图 10-10 所示进行硬件准备。

掌控板 ×1　　　　扩展板 ×1　　　　HUSKYLENS ×1

语音合成模块 ×1　　　　触控按键 ×1

图 10-10　硬件列表

进入 Mind+，分别加载如图 10-11 所示扩展模块。

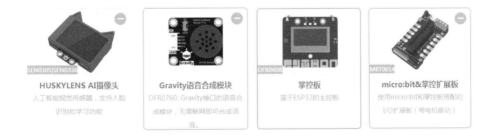

SEN0305|SEN0336
HUSKYLENS AI摄像头
人工智能视觉传感器，支持人脸
识别和学习功能

Gravity语音合成模块
DFR0760: Gravity接口的语音合
成模块，无需联网即可合成语
音。

DFR0608
掌控板
基于ESP32的主控板

MBT0014
micro:bit&掌控扩展板
使用micro:bit和掌控板搭配的
I/O扩展板（带电机驱动）

图 10-11　扩展模块

按图 10-12 所示进行硬件连接。

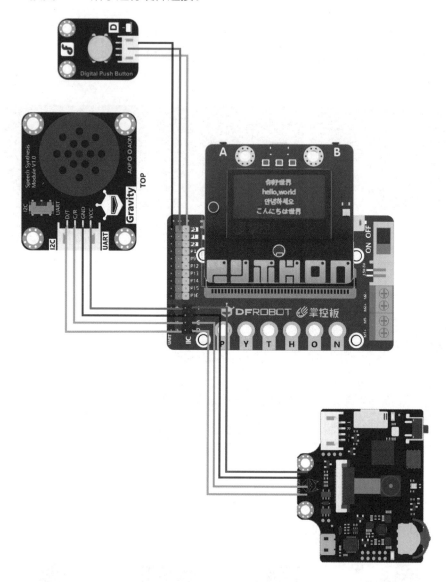

图 10-12　硬件连接

在二哈识图中，已经内置了机器学习功能，所以现在它就像一个数据库的采集者，我们可以手动录入指定的人脸信息，并且标记这个人脸信息。先来学习一下主要的人脸识别积木。

小知识

二哈识图功能积木

初始化积木，仅需执行一次，放在主程序开始和循环执行之间，可选择 I2C 或串口，I2C 地址不用变动

二哈识图的算法切换，可以切换的类型包括：人脸识别、物体追踪、物体识别、巡线、颜色识别、标签识别、物体分类等

需要注意的是，同时只能存在一种算法，并且算法的切换也需要一些时间

主控板向二哈识图请求一次数据存入结果，数据存储在主控板的内存变量中，一次请求刷新一次存在内存中的数据，这样之后就可以从结果中提取数据

此模块调用之后的结果，获取的是最新的数据

从请求得到的结果中获取当前界面是否有方框或者箭头，包含已学习和未学习的，有一个以上则返回值 1

从请求得到的结果中获取是否 ID 数已经进行了学习

从请求得到的结果中获取是否 ID 数在画面中，方框指向屏幕目标为方框的算法，箭头对应屏幕上目标为箭头的算法，选线算法时选择箭头，其他算法都选择方框

图 10-13 所示为人工智能合成的肖像人物。

图 10-13　人工智能合成的肖像人物

小知识

　　你知道吗？上面的人物肖像虽然看起来非常真实，但是真实世界中却没有他们，这些肖像是人工智能创造出来的。

　　这样的脸是怎样生成的呢？也是运用了机器学习技术，生成两种对抗算法。一个算法负责学习并生成人脸，另一个算法负责判断生成的人脸是真实的人脸，还是虚假的合成人脸。如果在对抗中，负责判断的算法不能区分是真实还是虚假的，那么就算通过测试。

完整程序如图 10-14 所示。

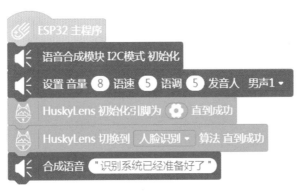

图 10-14 完整程序

下面来分析一下程序。首先将语音合成模块初始化，如图 10-15 所示，根据老年人的情况，选择适合的语速、语调以及发音人。然后对图像识别模块也进行初始化，将算法设置为人脸识别，并调整为多人识别。

图 10-15 初始化程序

149

然后通过触碰按钮来决定是否启用识别。当老年人需要识别面前的人物时，按下触碰按钮，如图 10-16 所示。这时二哈识图会请求一次数据存入结果，并存入变量中。

图 10-16　按下识别按钮

程序会对当前摄像头拍摄的人脸进行判断，并播报识别结果，如图 10-17 所示。如果符合之前学习过的人脸，那么就会按照要求，告诉老年人这是谁，反之，会提示老年人这是陌生人。

图 10-17　播报识别结果

物联网篇

精彩Mind+掌控板创意编程

第 11 章　无线广播

知识点

1. 物联网中的无线广播
2. 无线广播的生活运用

物联网（Internet of Things，IoT，见图 11-1）是互联网的延伸，为什么这样说呢？因为互联网的终端是计算机，而物联网的终端是各种设备，也就是我们经常说的万物互联，大到飞机、汽车，小到手机、手表，所有的终端都可以互联。

图 11-1　物联网

掌控板支持无线互联、蓝牙连接、Wi-Fi 连接，可以作为物联网终端设备使用。

掌控板提供 2.4G 的无线射频通信，共 13 通道，可实现一定区域内的简易组网通信。在相同通道下，成员可接收广播消息。就类似对讲机一样，在相同频道下，实现通话。我们来看看是怎么实现的吧。

进入扩展模块，选择通信模块，加载无线广播模块，如图 11-2 所示。

图 11-2　加载无线广播模块

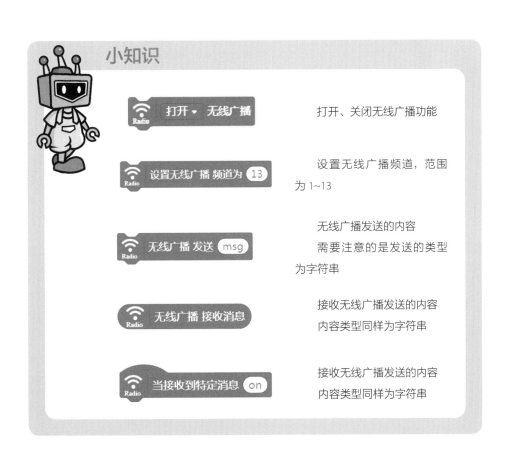

打开、关闭无线广播功能

设置无线广播频道，范围为 1~13

无线广播发送的内容
需要注意的是发送的类型为字符串

接收无线广播发送的内容
内容类型同样为字符串

接收无线广播发送的内容
内容类型同样为字符串

案例一：灯光控制

准备两块掌控板，其中一块用作发送端，一块用作接收端。先来编写发送端的程序。在发送端程序中，选择使用的广播频道为 2 号频道，当按键 A 被按下的时候，发送无线广播的内容："开启红色灯"。当按键 B 被按下的时候，发送无线广播的内容为"关闭红色灯"，同时在屏幕上显示相应的文字，如图 11-3 所示。

配套微课

正在上传
掌控板-arduinoC-自动生成
上传进度:60%

图 11-3 发送端程序

　　然后编写接收端程序。需要注意的是，接收端的频道需要跟发送端保持一致。当收到了"开启红色灯"的信息后，接收端掌控板会播放提示音，并开启红色灯，如图 11-4 所示。

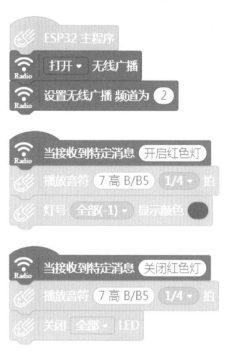

图 11-4　接收端程序

　　两端的程序分别上传到发送端的掌控板与接收端的掌控板上后，我们就可以通过发送端的掌控板来控制接收端掌控板的灯光了。

案例二：人工智能人脸识别报警系统

　　无线连接能够给我们的实际生活带来诸多方便。假如小区里最近出现了偷盗的现象（见图 11-5），为了帮助警察缉拿犯罪嫌疑人，我们可以先将警察提供的嫌疑人照片交给人工智能学习，然后将摄像头安装在小区的各个角落，实施 24 小时监控。一旦摄像头发现了嫌疑人，就会触发两个响应事件：第一，摄像头会自动抓拍照片，并将照片保存到 SD 卡中；第二，通过无线传输，保卫室的掌控板会用灯光和声音提示发现嫌疑人。

图 11-5 偷盗的现象

将掌控板与二哈识图智能摄像头连接好以后，设置为发送端。并且指定广播的频道，通过人工智能学习犯罪嫌疑人的脸部特征，如果在视频监控中人工智能识别出嫌疑人，那么就会触发拍照，并同时发送报警广播。智能监控发送端程序如图 11-6 所示。

图 11-6 智能监控发送端程序

小知识

将 SD 卡插入，触发拍照时，二哈识图会将照片存储在 SD 卡中。

智能监控接收端程序如图 11-7 所示。需要注意两点：第一，接收频道要与发送的频道一致；第二，可以将信息发送内容保存在变量中。需要强调的是变量类型需要设置为字符串类型。

图 11-7　智能监控接收端程序

第 12 章　蓝牙连接

知识点

1. 物联网中的蓝牙连接
2. 蓝牙连接的生活运用
3. 二进制与 ASCII 码

　　蓝牙是一种支持设备短距离（通常为 10 米以内）通信的无线电技术，广泛地运用到我们的生活中，手机、计算机、无线耳机、无线鼠标等设备间进行无线信息交换时均使用这种技术。图 12-1 所示为用蓝牙技术控制手机拍照。蓝牙具有使用方便、灵活安全并且功耗低的特点。

图 12-1　用蓝牙技术控制手机拍照

　　进入 Mind+ 扩展模块，在用户库中输入关键词"蓝牙"，加载 ESP32 蓝牙键盘，如图 12-2 所示。

图 12-2　加载 ESP32 蓝牙键盘

初始化 ESP32 蓝牙键盘，并上传到设备，如图 12-3 所示。

图 12-3　初始化 ESP32 蓝牙键盘

　　在计算机中添加蓝牙设备，然后找到并连接名为 BLE-Keyboard 的蓝牙设备，如图 12-4 所示。

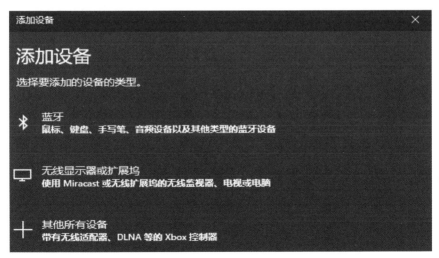

图 12-4　找到并连接蓝牙设备

图 12-4　找到并连接蓝牙设备（续）

连接完成以后，掌控板这个时候已经摇身一变，变成了蓝牙键盘。在键盘上能做的事情，通过对掌控板程序进行设置也能够完成。

案例一：掌控板变成 PPT 翻页笔

将掌控板变成 PPT 翻页笔，对应按键如图 12-5 所示。

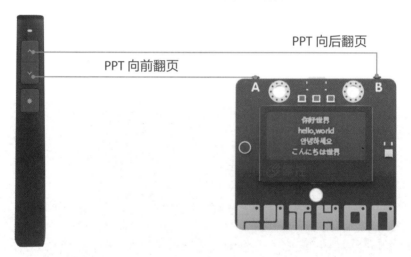

图 12-5　对应按键

编写程序如图 12-6 所示。

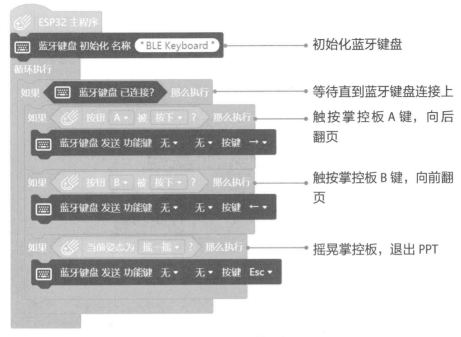

初始化蓝牙键盘

等待直到蓝牙键盘连接上

触按掌控板 A 键，向后翻页

触按掌控板 B 键，向前翻页

摇晃掌控板，退出 PPT

图 12-6　PPT 翻页笔程序

案例二：掌控板变成体感游戏手柄

我们可以利用掌控板上的三轴加速器模拟游戏手柄，利用掌控板的倾斜来实现控制赛车的前后左右运动，同时辅助掌控板上的按键，模拟手柄的其他按键，如图 12-7 所示。

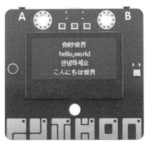

图 12-7　模拟游戏手柄

编写模拟游戏手柄程序如图 12-8 所示，可以用它来玩赛摩游戏。

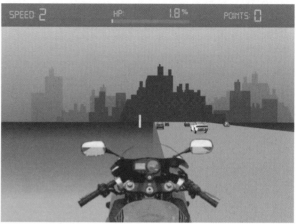

图 12-8　用掌控板作为游戏手柄玩赛摩游戏

小知识

三轴加速器

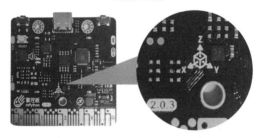

1. 加速度

加速度是描述物体速度变化快慢的物理量。

牛顿第一运动定律告诉我们：物体如果没有受到外力的作用，运动状态不会发生改变。由此可知，力是物体运动状态发生改变的原因，也是产生加速度的原因。

通过测量由于重力引起的加速度，可以计算出设备相对于水平面的倾斜角度。通过分析动态加速度，可以分析出设备移动的方式。为了测量并计算这些物理量，便产生了加速度传感器。

2. 加速度传感器

加速度传感器是一种能够感受加速度，并将加速度转换成可用输出信号的传感器。掌控板自带一个三轴加速度传感器，能够测量由于重力引起的加速度，测量范围为 $-2g$~$+2g$。

三轴加速度传感器对加速度值的测量沿 X、Y、Z 3 个轴，每个轴的测量值是正数或负数，正数趋近重力加速度 g 的方向。当读数为 0 时，表示加速度传感器沿着该特定轴水平放置。

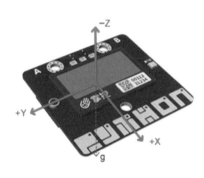

掌控板除了可以使用蓝牙来连接计算机外，还能利用蓝牙来连接手机。方法是在 Mind+ 的扩展模块中，添加掌控板蓝牙模块，如图 12-9 所示。

图 12-9　添加掌控板蓝牙模块

然后是初始化蓝牙，如图 12-10 所示，设置蓝牙的名称，将该程序上传到掌控板。

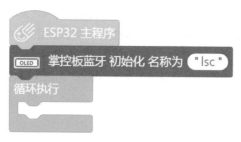

图 12-10　初始化蓝牙

打开手机设置，查找可用的蓝牙，并进行配对连接，如图 12-11 所示。

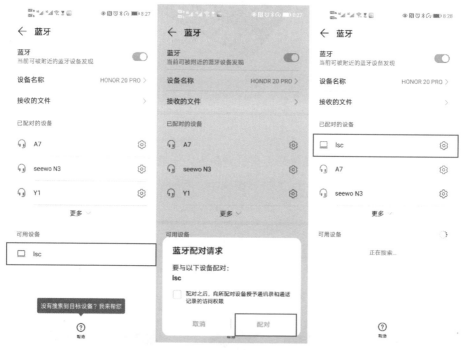

图 12-11　查找蓝牙并进行配对连接

为了让手机可以和掌控板进行通信，在手机上下载安装蓝牙手机端控制 APP "Arduino bluetooth controller"，如图 12-12 所示。

Arduino bluetooth controller

安装来源：夸克

安装成功

完成　　　打开

图 12-12　下载安装蓝牙手机端控制 APP

安装完成后，选择同样的蓝牙网络，APP 会提示选择应用类型，选择 Switch mode 模式，如图 12-13 所示，手机会进入相关的设置界面。

图 12-13　选择 Switch mode 模式

165

单击右上角的齿轮图片进入设置界面，设置按钮值，如图 12-14 所示，将开启模式的值设为 1，将关闭模式的值设为 0。

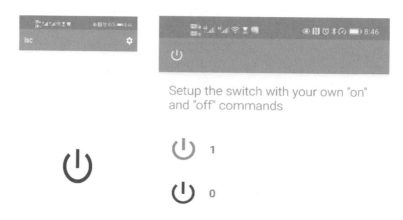

图 12-14　设置按钮值

　　回到 Mind+，对掌控板编写如图 12-15 所示程序，因为手机端会发送数值到掌控板，所以我们新建一个数字类型变量用来存储该值。

图 12-15　新建变量存储发送数值

　　如果手机发送的数值为 1，那么开启掌控板的红灯，如果手机发送的数值为 0，那么关闭掌控板的灯，控制程序如图 12-16 所示。

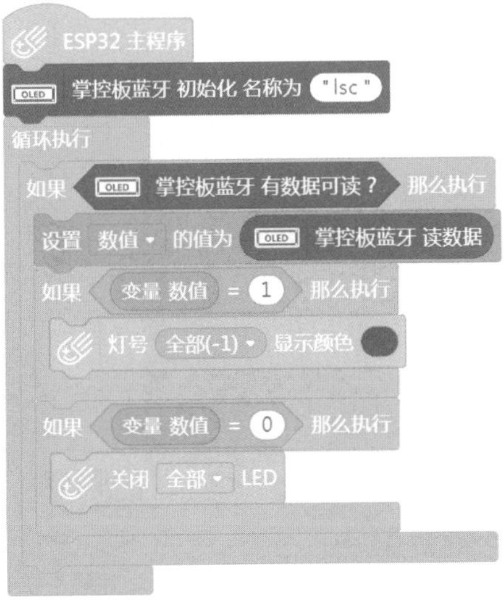

图 12-16　控制程序

　　单击手机上的开关，看看手机能否通过蓝牙控制掌控板。似乎没有成功，这是为什么呢？因为手机发送的值其实是一个字符，尽管我们填写的是 1 和 0，但掌控板能判断的却是一个 ASCII 数值，所以最后我们需要将输入的字符转换为 ASCII 数值，如图 12-17 所示。

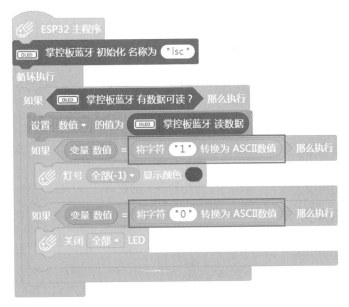

图 12-17　将字符转化为 ASCII 数值

经过转换，手机已经可以通过蓝牙控制掌控板了，控制效果如图 12-18 所示。

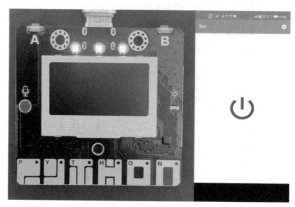

图 12-18　控制效果

ASCII 码

在上面的案例中，运用到了 ASCII 数值，什么是 ASCII 数值呢？它又有什么神奇之处呢？

通过 ASCII 码的学习，我们将揭开通信的神秘面纱——编码。编码又是什么呢？我们知道，计算机使用的是二进制，就是说计算机只认识 0 和 1，而编码就是为了让计算机能够理解我们人类使用的语言符号，将其数字和字符转化为二进制进行存储和传输的过程。

所以，要了解编码，有必要了解一下二进制的知识。你知道在古时候，士兵们在长城（见图 12-19）上是怎么传递信息的吗？

在古代，长城上的守城官兵是通过点燃烽火台的烽火来传递信息的。如果没有点火表示没有敌人，如果点火则表示有敌人。如果我们再把要求提高一些，除了需要告诉对面有没有敌人，还需要传递敌人的数量又该怎么办呢？

现在我们来玩一个烽火的游戏，设置两处烽火，并且约定暗号：当烽火都没有点燃的时候，表示没有敌人（00）；当只点燃右边烽火的时候，表示有 1 个敌人（01）；当只点燃左边烽火的时候，表示来了两个敌人（10）；当两处烽火都点燃的时候，表示来了 3 个敌人（11）。烽火状态如图 12-20 所示。

图 12-19　长城

	烽火		二进制	十进制	敌人数量
状态 1			00	0	0 个敌人
状态 2			01	1	1 个敌人
状态 3			10	2	2 个敌人
状态 4			11	3	3 个敌人

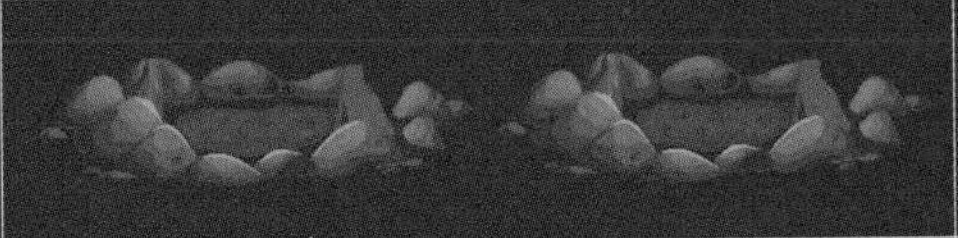

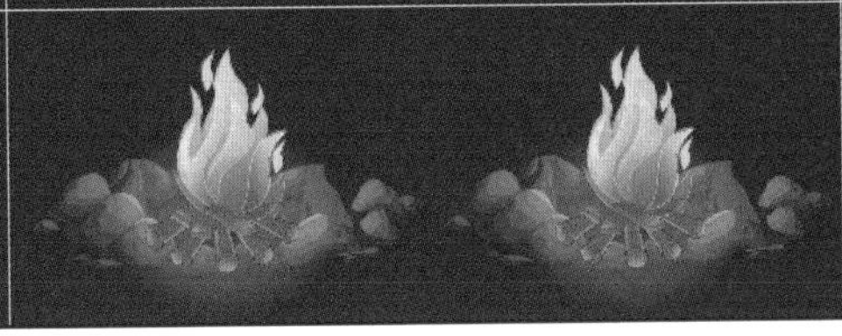

图 12-20　两处烽火的状态

通过上面的列表，可以发现：两个二进制数位可以表示十进制的 0、1、2、3 四种情况。游戏继续，如果再增加一处烽火，情况又会怎样呢？此时烽火状态如图 12-21 所示。

	烽火	二进制	十进制	敌人数量
状态 1		000	0	0 个敌人
状态 2		001	1	1 个敌人
状态 3		010	2	2 个敌人
状态 4		011	3	3 个敌人
状态 5		100	4	4 个敌人
状态 6		101	5	5 个敌人
状态 7		110	6	6 个敌人
状态 8	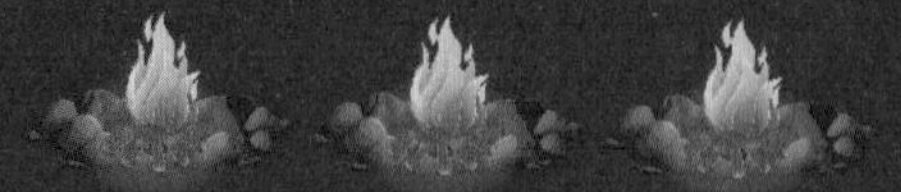	111	7	7 个敌人

图 12-21　三处烽火的状态

游戏时间

1. 二进制 00000000 表示的数是多少呢?

2. 小精灵正在制作晚会的生日蛋糕，他想在每个蛋糕上都插上不同的蜡烛组合作为装饰，小精灵有两种颜色的蜡烛：红色和蓝色。如果每个蛋糕上都至少要有一支蜡烛，且蜡烛的组合不能相同(如: 红蓝组合和蓝红组合是不一样的)。现在共有 10 个蛋糕，请问最少需要多少支蜡烛呢?

计算机在最初被发明的时候，单纯就是用来完成数字计算的。之后人们才逐渐对计算机进行改造，使计算机拥有了今天这么丰富的功能。由于计算机是二进制的，所以为了让计算机完成其他功能，就需要告诉计算机用哪些数字表示哪些字符，比如除了 0 和 1 以及阿拉伯数字以外，像 AaBbCc…Zz 共计 52 个字母，加上各种符号（如 @# ￥等）都需要用二进制来表示。用什么样的二进制表示各种符号，每个人都可以制定自己的规则。但是如果这样做，不同的计算机由于规则不同，就会造成彼此之间无法沟通。为了避免发生这种情况，美国人首先制定了 ASCII 码，统一规定了二进制数表示的规则，如表 12-1 所示。

我们并不需要去记忆 ASCII 表，只需要知道 ASCII 码的来历以及会使用转换积木进行转换就可以了。ASCII 转换积木如图 12-22 所示。

图 12-22　ASCII 转换积木

最后需要补充的是，当计算机漂洋过海来到中国以后，面对博大精深的中文，ASCII 码完全不够用，所以后来，又产生了 GB2312 编码，最后为了便于全球沟通，还产生了统一码，这套编码将世界上所有的符号都纳入其中。编码的统一促进了全球计算机的互联，如图 12-23 所示。

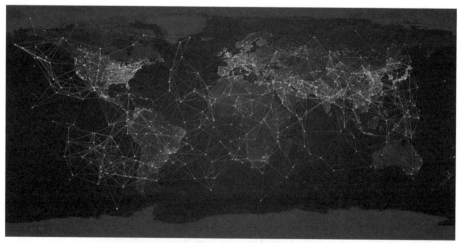

图 12-23　编码的统一促进了全球计算机的互联

表 12-1　ASCII 码

低四位	ASCII 控制字符 0000 Ctrl	代码	转义字符	字符解释	十进制	字符	ASCII 控制字符 0001 Ctrl	代码	转义字符	字符解释	十进制	字符	ASCII 打印字符 0010 十进制	字符	0011 十进制	字符	0100 十进制	字符	0101 十进制	字符	0110 十进制	字符	0111 十进制	字符
0000	^@	NUL	\0	空字符	0		^P	DLE		数据链路转义	16	▲	32	(空格)	48	0	64	@	80	P	96	`	112	p
0001	^A	SOH		标题开始	1	☺	^Q	DC1		控制设备 1	17	▼	33	!	49	1	65	A	81	Q	97	a	113	q
0010	^B	STX		正文开始	2	☻	^R	DC2		控制设备 2	18	↕	34	"	50	2	66	B	82	R	98	b	114	r
0011	^C	ETX		正文结束	3	♥	^S	DC3		控制设备 3	19	‼	35	#	51	3	67	C	83	S	99	c	115	s
0100	^D	EOT		传输结束	4	♦	^T	DC4		控制设备 4	20	¶	36	$	52	4	68	D	84	T	100	d	116	t
0101	^E	ENQ		查询	5	♣	^U	KAE		否定应答	21	§	37	%	53	5	69	E	85	U	101	e	117	u
0110	^F	ACK		肯定应答	6	♠	^V	SYN		同步空闲	22	▬	38	&	54	6	70	F	86	V	102	f	118	v
0111	^G	BEL		响铃	7	●	^W	ETB		传输块结束	23	↨	39	'	55	7	71	G	87	W	103	g	119	w
1000	^H	BS	\b	退格	8	◘	^X	CAN		取消	24	↑	40	(	56	8	72	H	88	X	104	h	120	x
1001	^I	HT	\t	横向制表	9	○	^Y	EM		介质结束	25	↓	41	)	57	9	73	I	89	Y	105	i	121	y
1010	^J	LF	\n	换行	10	◙	^Z	SUB		替代	26	→	42	*	58	:	74	J	90	Z	106	j	122	z
1011	^K	VT	\v	纵向列表	11	♂	^[	ESC	\e	溢出	27	←	43	+	59	;	75	K	91	[	107	k	123	{
1100	^L	FF	\f	换页	12	♀	^\	FS		文件分隔符	28	∟	44	,	60	<	76	L	92	\	108	l	124		
1101	^M	CR	\r	回车	13	♪	^]	GS		组分隔符	29	↔	45	-	61	=	77	M	93	]	109	m	125	}
1110	^N	SO		移出	14	♫	^^	RS		记录分隔符	30	◄	46	.	62	>	78	N	94	^	110	n	126	~
1111	^O	SI		移入	15	☼	^_	US		单元分隔符	31	►	47	/	63	?	79	O	95	_	111	o	127	△

*Bacjspace 代码：DCL

173

第 13 章　Wi-Fi 通信

知识点

1. 物联网中的 Wi-Fi 连接
2. Wi-Fi 连接在生活中的运用

在 Mind+ 的扩展模块中，添加 Wi-Fi 模块，如图 13-1 所示。

图 13-1　添加 Wi-Fi 模块

接下来初始化 Wi-Fi 的网络以及网络密码，如图 13-2 所示。如何知道 Wi-Fi 是否连接成功了呢？这里有一个小技巧，可以通过屏幕文字以及设置掌控板的 led 灯的色彩来提示。在未连接前让 led 灯显示为红色，接下来掌控板会持续尝试连接 Wi-Fi，如果正常连接，那么 led 灯会更改颜色为绿色，并且屏幕出现文字：网络已经连接。

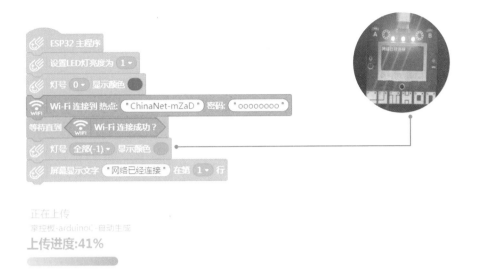

正在上传
掌控板 -arduinoC -自动生成
上传进度:41%

图 13-2　初始化 Wi-Fi 的网络以及网络密码

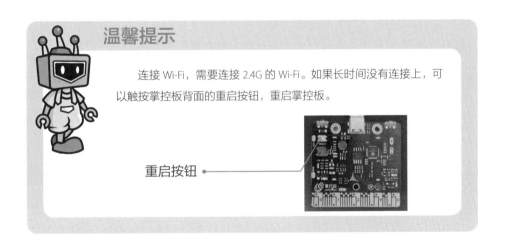

温馨提示

连接 Wi-Fi，需要连接 2.4G 的 Wi-Fi。如果长时间没有连接上，可以触按掌控板背面的重启按钮，重启掌控板。

重启按钮

NTP 协议

NTP 服务器（Netword Time Protocol，见图 13-3）是计算机实现时间同步化的一种协议，它可以使计算机对其服务器时钟做同步化处理，从而实现高精准的时间校正，并且可以通过加密的方式来防止恶意的协议攻击。加载 Mind+ 扩展面板中的 NTP 模块，如图 13-3 所示。

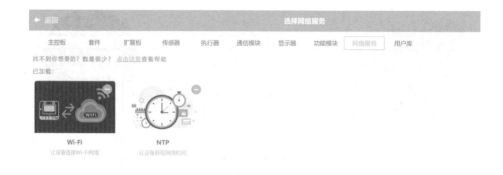

图 13-3　NTP 服务器

案例一：时间播报

我们通过 NTP 来制作一个时间显示器，程序如图 13-4 所示。

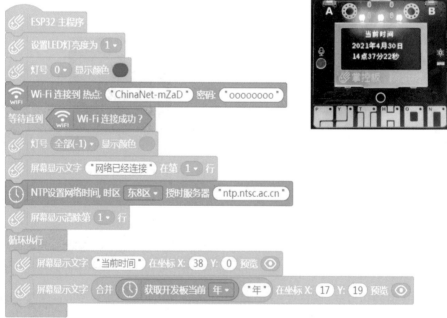

图 13-4　时间显示器程序

屏幕通过字符串合并命令显示内容，如图 13-5 所示。

图 13-5　屏幕通过字符串合并命令显示内容

案例二：天气播报

同理，获取天气预报也需要首先对天气服务器进行配置，分别获取三个值：天气、最高温度、最低温度。天气预报程序如图 13-6 所示。

配套微课

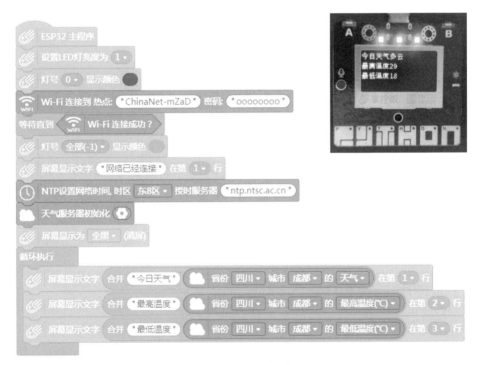

图 13-6　天气预报程序

第 14 章　Easy IoT 物联网平台

知识点

1. Easy IoT 物联网平台
2. 网页端与微信端与掌控板的连接
3. Easy IoT 物联网平台的生活运用

你一定听说过云计算、云服务器这两个概念吧。因为设备要进行点对点的通信，往往是基于同一局域网环境下的。要突破这个限制，就需要用到云端的服务，也就是互联网上的中转服务器，我们把这样的服务器称为物联网平台。

Easy IoT 就是一个常用的国际化物联网服务平台，Mind+ 支持这样的物联网平台，我们来认识一下它吧。

注册使用 Easy IoT

首次使用 Easy IoT 需要注册账号，首先打开网址 http://iot.dfrobot.com.cn，选择注册登录，按照提示进行账号注册，如图 14-1 所示。

添加设备

登录以后，进入工作间选项，点击页面中的"＋"按钮，添加设备，如图 14-2 所示，这个设备就是我们要需要连接进入物联网的设备，如掌控板。

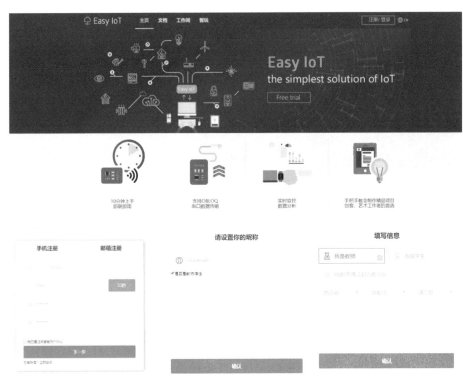

图 14-1　账号注册

图 14-2　添加设备

回到 Mind+ 中，将硬件设备连接后，加载 MQTT 和 Wi-Fi 模块，如图 14-3 所示。

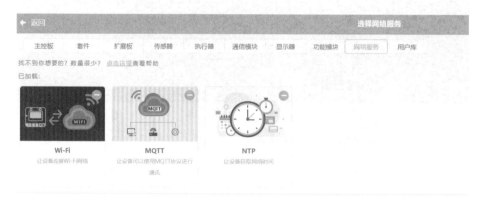

图 14-3　加载 MQTT 和 Wi-Fi 模块

初始化物联网模块

如图 14-4 所示，将前面获取的 IoT 账号、密码、设备 Topic 填写到对应的位置，初始化物联网平台的参数设置。

图 14-4　初始化物联网平台的参数设置

掌控板留言板的实现

初始化程序并进行检测，如图 14-5 所示。为了便于检测每一个环节是否正常，我们借用了程序调试中的分步测试法（在每个阶段添加说积木 说 本阶段程序完成 2 秒，在每个阶段设置不同的提示文字和灯光色彩）。比如在刚开始的时候，设置屏幕文字为"网络未连接"，并显示红色灯，然后等待网络连接。一旦网络连接成功，则屏幕文字提示"网络已连接"，灯光变成通常的绿色。之后再进行物联网服务器的连接，依此类推。

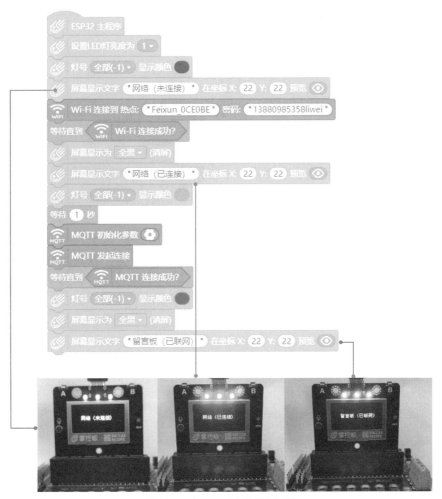

图 14-5　初始化程序并进行检测

181

接收服务器消息，并通过连接 NTP 服务器，显示接收到消息的准确时间，如图 14-6 所示。

图 14-6　接收服务器消息

通过物联网服务器发送消息

点击【发送消息】按钮，通过网页发送消息，如图 14-7 所示。在消息发送对话框中输入发送的内容，发送后，掌控板会同步收到发送的消息。

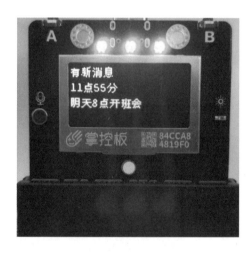

图 14-7　通过网页发送消息

在 Easy IoT 的消息中，也能看见消息的发送记录，如图 14-8 所示。

图 14-8　消息的发送记录

假设你在回到家后，看见了留言，如何回复已经收到的消息呢？我们可以通过设置按键触发回复，通过物联网实现双向通信，程序如图 14-9 所示。

图 14-9　双向通信程序

微信连接物联网

　　除了可以选择网页通信外，我们还可以通过手机微信小程序实现物联网通信。首先打开手机微信，搜索关注 Easy IoT 小程序，注册账号，如图 14-10 所示。

图 14-10　注册账号

　　验证身份获取设备信息，如图 14-11 所示。

图 14-11　验证身份获取设备信息

温馨提示

网页端和微信端其实是 Easy IoT 平台的两种不同呈现方式，只要登录的账号一致，两端显示的消息、设备等信息也是完全一致的。

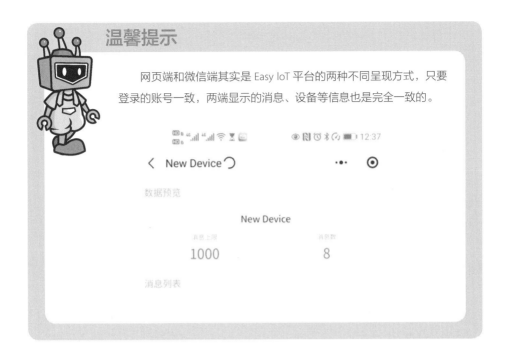

用物联网检测记录土壤湿度

在掌控板中将土壤湿度传感器加入，通过物联网，我们可以随时收集土壤的湿度信息，并根据土壤信息开展自动浇水等操作。

按图 14-12 所示硬件列表进行硬件准备。

掌控板 ×1 　　扩展板 ×1 　　土壤湿度传感器 ×1

图 14-12　硬件列表

完整程序如图 14-13 所示。

图 14-13　完整程序

有了物联网，我们就可以随时在计算机或手机上登录网页，实时监控土壤的湿度信息，并根据土壤湿度数据分析表（见图 14-14）开展浇水等系列控制。

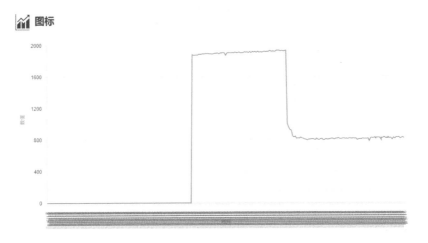

图 14-14　土壤湿度数据分析表

亲爱的读者朋友，相信学习到这里，你一定收获了不少新知识，也萌发了许多改变生活的创想吧。让我们通过自己的掌控板和 Mind+ 放飞梦想，去实践、探索，相信你会在学习的道路上越走越远，并最终收获成功的喜悦。